U0157331

智能变电站"九统一"继电保护装置及其检修技术

（通用规则及线路保护部分）

主　编　郭云鹏　崔建业
副主编　钱　肖　刘乃杰　李有春　王韩英

中国水利水电出版社
www.waterpub.com.cn
·北京·

内 容 提 要

本书为《智能变电站"九统一"继电保护装置及其检修技术》之一，依据最新的"九统一"标准，通过理论分析结合生产实际，针对线路、主变压器、母线等元件常见的继电保护装置，提供详细的调试技巧与方法，旨在指导现场作业、提高工作效率。本书包括通用规则及线路保护部分，共6章，包括"九统一"继电保护装置设计总则、一般规定、信息规范，以及线路保护及辅助装置设计规范、线路保护组屏设计规范及相关设备要求、"九统一"线路继电保护装置调试。

本书适合继电保护相关专业人员自学、培训，也适合电力行业其他专业人员参考借鉴。

图书在版编目（CIP）数据

智能变电站"九统一"继电保护装置及其检修技术.
通用规则及线路保护部分 / 郭云鹏，崔建业主编. -- 北
京 ： 中国水利水电出版社，2020.11
ISBN 978-7-5170-9290-2

Ⅰ．①智… Ⅱ．①郭… ②崔… Ⅲ．①智能系统－变
电所－继电保护－研究 Ⅳ．①TM63-39②TM77-39

中国版本图书馆CIP数据核字(2020)第266165号

书　　名	智能变电站"九统一"继电保护装置及其检修技术（通用规则及线路保护部分）ZHINENG BIANDIANZHAN "JIU TONGYI" JIDIAN BAOHU ZHUANGZHI JI QI JIANXIU JISHU (TONGYONG GUIZE JI XIANLU BAOHU BUFEN)
作　　者	主　编　郭云鹏　崔建业 副主编　钱　肖　刘乃杰　李有春　王韩英
出版发行	中国水利水电出版社 （北京市海淀区玉渊潭南路1号D座　100038） 网址：www.waterpub.com.cn E-mail：sales@waterpub.com.cn 电话：（010）68367658（营销中心）
经　　售	北京科水图书销售中心（零售） 电话：（010）88383994、63202643、68545874 全国各地新华书店和相关出版物销售网点
排　　版	中国水利水电出版社微机排版中心
印　　刷	清淞永业（天津）印刷有限公司
规　　格	184mm×260mm　16开本　10.25印张　249千字
版　　次	2020年11月第1版　2020年11月第1次印刷
印　　数	0001—4000册
定　　价	52.00元

凡购买我社图书，如有缺页、倒页、脱页的，本社营销中心负责调换

版权所有·侵权必究

《智能变电站"九统一"继电保护装置及其检修技术》编委会

主　　编　　郭云鹏　　崔建业

副 主 编　　钱　肖　　刘乃杰　　李有春　　王韩英

参编人员　　左　晨　　吴雪峰　　郝力飙　　朱英伟　　李振华

　　　　　　虞　驰　　俞志坚　　陈文胜　　陈　炜　　刘　畅

　　　　　　范旭明　　江应沪　　杜浩良　　胡建平　　项柯方

　　　　　　金杭勇　　金慧波　　郑晓明　　张　伟　　邱子平

　　　　　　徐　峰　　刘　栋　　李跃辉　　郑　燃　　程　烨

　　　　　　杜文佳　　王　强

本 书 编 委 会

主　　编　郭云鹏

副 主 编　钱　肖　刘乃杰　左　晨

参编人员　张　伟　沈尖锋　潘铭航　陈　昊　华子均

　　　　　吴雪峰　金慧波　郑晓明　叶　玮　杜悠然

　　　　　吴　珣　单　鑫　周国庆　陈逸凡　王利波

前　言

　　进入 21 世纪，随着半导体技术的快速发展，继电保护装置（以下简称"保护装置"）也由电磁式向微机式过渡，为了适应技术发展，国家电网有限公司（以下简称"国家电网公司"）于 2007 年推出了"六统一"标准，为保障电网的安全稳定运行提供了坚实的后盾。

　　随着全国电力网络的发展，各地电网运行习惯、网架结构及保护配合方式存在差异，保护地区版本、工程版本较多，版本管理困难等一系列问题日益突出。同时，随着智能变电站的逐年增多，新的模型文件、配置文件、输入输出方式以及信息规范的变化，原先制定的"六统一"标准已经越来越不能满足当前电网自身发展的需要。

　　为了解决上述问题，国家电网公司于 2016 年正式发布了 Q/GDW 11010—2015《继电保护信息规范》，在原"六统一"的基础上规范了不同厂家对信息的处理方法，尤其是对保护面板上的人机菜单制定了详细的标准，该标准即"新六统一"标准（也可以称作"九统一"标准）。"九统一"标准在原有"六统一"标准的基础上着重强调了对保护装置的报文名称、LCD 菜单和面板显示灯的统一，同时进一步统一了保护配置的相关功能。

　　伴随着"九统一"标准的推广与应用，新设备与新装置也在各级电网中投入使用，这就对继电保护从业人员提出了新的要求，加快提升从业人员的技术技能，以适应新形势的变化，刻不容缓。为此，本书依据"九统一"标准，由现场经验丰富的一线工作人员完成编写工作，旨在指导现场作业、提高工作效率。本书不在理论分析的基础上结合生产实际，针对线路、主变压器、母线等元件的常见继电保护装置，提供详细的调试技巧与方法，非常适合从事继电保护工作的人员自学、培训与指导现场作业。

　　本书在编写过程中得到众多领导和同事的支持和帮助，同时也参考了许多有价值的专业书籍，给作者提供了有益指导，使内容有了较大改进，在此表示衷心感谢。

　　由于编者能力有限，书中可能存在疏漏之处，恳请各位专家与读者批评指正。

编者

2020 年 3 月

目　录

前言

第 *1* 篇　公共部分

第 **2** 篇　线路部分

第 1 篇

公共部分

第 1 章

"九统一"继电保护装置设计总则

1.1 设计宗旨

通过规范 220kV 及以上电网的线路保护及相关设备的输入输出量、压板设置、装置端子（虚端子）、通信接口类型与数量、报告和定值、技术原则、配置原则、组屏（柜）方案、端子排设计、二次回路设计，提高继电保护装置的标准化水平，处理好 GB/T 14285—2006《继电保护和安全自动装置技术规程》规定的可靠性、灵敏性、选择性和速动性（简称"四性"）关系，为继电保护装置的制造、设计、运行、管理和维护工作提供有利条件，提升保护装置的运行、管理水平。

（1）实现智能变电站和常规变电站中保护装置的"六统一"，即"功能配置、回路设计、端子排布置、接口标准、保护定值格式、保护动作报告格式"的统一，提高继电保护标准化应用水平。

1）功能配置统一的原则：主要解决各地区保护配置及组屏方式的差异而造成保护的不统一。

2）回路设计统一的原则：解决由于各地区运行和设计单位习惯不同造成二次回路上存在的差异。

3）端子排布置统一的原则：通过按照"功能分区，端子分段"的原则统一端子排的设置，解决交直流回路、输入输出回路在端子排上排列位置不同的问题，为统一设计创造条件。

4）接口标准统一的原则：对继电保护装置的开入开出接口进行统一，避免出现不同时期、不同厂家装置开入开出接口杂乱无序的问题。

5）保护定值格式统一的原则：要求继电保护装置制造商按照统一格式进行规范保护定值的整定清单格式及定值项名称，以便简化定值整定工作。

6）保护动作报告格式统一的原则：要求继电保护装置制造商按照统一格式形成保护动作报告，并要求保护动作报告有简述内容，为调度调控中心和现场处理事故赢得时间，也为现场运行维护创造有利条件。

（2）在工程中实施"六统一"标准化设计，可以避免重复劳动，提高效率，并有利于推动继电保护整定计算、运行操作、检修作业等的标准化，减少人员误碰、误整定、误接线（简称"三误"），提高继电保护安全运行水平，保障电网的安全稳定运行。

（3）继电保护中的"四性"在某些情况下的要求有矛盾、不能兼顾时，应根据电网实际要求有所侧重，片面强调某一项要求，都会导致保护复杂化，影响经济指标，不利于运行维护。对于"四性"的矛盾，要具体分析电网的实际情况进行合理取舍。

1.2　优化设计原则

在微机保护出现以前，继电保护装置对外部信息的获取主要依赖于二次回路和与其他设备的连线，带来的主要问题是：信息源本身的错误、二次回路的接线错误、回路的异常（如接线松动、断线或短路等）以及通过二次回路引入的干扰等可能会造成继电保护装置的不正确动作；回路接线复杂加大了设备检修时安全措施的复杂程度，甚至可能会增加人为责任造成继电保护装置不正确动作的风险。利用微机保护自身运算处理能力减少对外部回路的依赖，可以降低这部分风险，提高继电保护装置的可靠性。

（1）优先通过继电保护装置自身实现相关保护功能，尽可能减少外部开入量，以降低对相关回路和设备的依赖。设备标准化是提高继电保护装置制造质量，优化设计、施工、维护和管理的重要前提，在广泛收集各省网公司对继电保护装置提出的要求的基础上，加以深化和集中，充分利用微机继电保护装置强大的运算处理能力，实现保护功能的智能化和标准化，尽可能减少外部开入量，从而达到简化二次回路、提高保护可靠性的目的。例如：线路保护中的远跳功能，本侧的远跳命令要经过延时确认以后才能发给对侧；对侧在收到本次远跳命令以后，可以经过控制字选择远跳出口是否经启动闭锁，以提高跳闸的可靠性。

（2）优化回路设计，在确保可靠实现继电保护功能的前提下，尽可能减少装置间的连线。这是针对继电保护装置之间回路设计提出的要求，目的在于充分发挥微机保护装置计算能力强的优势，优化二次回路，符合继电保护二次回路简单可靠的设计理念。例如：3/2 断路器接线"沟通三相跳闸"功能由断路器保护实现，断路器保护失电时，由断路器三相不一致保护三相跳闸。

1.3　双重化原则

继电保护双重化的原则是指继电保护装置的双重化以及与保护配合回路（包括通道）的双重化，双重化配置的继电保护装置及其回路之间应完全独立，无直接的电气联系。

1. 双重化配置的基本要求

（1）两套保护装置的交流电流应分别取自电流互感器（TA）互相独立的绕组；交流电压应分别取自电压互感器（TV）互相独立的绕组。其保护范围应交叉重叠，避免死区。

（2）两套继电保护装置的直流电源应取自不同蓄电池组供电的直流母线段。

（3）两套继电保护装置的跳闸回路应与断路器的两个跳闸线圈分别一一对应。

（4）两套继电保护装置与其他保护、设备配合的回路应遵循相互独立的原则。

（5）每套完整、独立的继电保护装置应能处理可能发生的所有类型的故障。两套继电保护装置之间不应有任何电气联系，当一套继电保护装置退出时不应影响另一套继电保护装置的运行。

（6）线路纵联保护的通道（含光纤、微波、载波等通道及加工设备和供电电源等）、远方跳闸及就地判别装置应遵循相互独立的原则按双重化配置。

（7）330kV 及以上电压等级输变电设备的保护应按双重化配置。

（8）除终端负荷变电站外，220kV 及以上电压等级变电站的母线保护应按双重化配置。

（9）220kV 电压等级线路、变压器、高压并联电抗器、串补、滤波器等设备的微机保护应按双重化配置。每套继电保护装置均应含有完整的主、后备保护，能反映被继电保护装置的各种故障及异常状态，并能作用于跳闸或给出信号。

2. 双重化配置的例外情况

（1）受一次设备的限制，双重化配置的部分保护功能只能共用同一回路：两套主变零序过电压保护共用一个 TV 三次绕组；两套重合闸共用一个合闸线圈等。

（2）对于常规保护来说：采用三相重合闸方式时，当一套继电保护装置永跳，第二套继电保护装置会靠断路器位置启动重合闸，此时需要第一套继电保护装置输出闭锁重合闸触点至第二套继电保护装置闭锁重合闸。所以，采用三相重合闸方式时，可采用两套重合闸相互闭锁方式；而对于智能保护来说，由于两个网络间不能有数据交叉，所以该闭锁回路一般是通过两套智能终端的硬触点互勾来实现的。

1.4 软件构成原则

为了减少各地区的软件版本，对继电保护装置的软件版本进行统一管理，保证国家电网公司范围内使用的设备均是经过国家电网公司检测的合格产品，提高设备运行可靠性。但是"六统一"原则出台后，由于长期以来各地使用保护装置习惯差异的惯性，依然存在部分地区沿用过去的软件版本，对运行经验的总结、事故教训的汲取以及反事故措施的贯彻落实等存在一定阻碍。

针对以上问题，Q/GDW 1161—2014《线路保护及辅助装置标准化设计规范》最新规定了"九统一"继电保护装置功能由基础型号功能和选配功能组成。功能配置由设备制造厂出厂前完成，功能配置完成后定值清单及软压板、装置虚端子等应与所选功能一一对应。最大化列举设备参数定值、保护定值、保护控制字、保护功能软压板，出厂时未选配功能对应项自动隐藏，其他项顺序排列。按典型工程应用列举 SV 接收软压板、GOOSE 软压板、装置虚端子。

"九统一"控制原则为：继电保护装置基础软件＝基础功能（必配）＋选配功能，地区特殊要求由选配功能实现，继电保护装置基础软件版本不随"选配功能"不同而改变。另外为了防止最大化软件导致定值清单及软压板、装置虚端子等的最大化而引起不便，要求订货单位在订货时提出配置要求，制造厂家在厂内完成功能配置并对未选配的相关内容进行隐藏。功能配置必须在设备制造厂完成，不能在现场进行更改。其配套资料，也是根据功能配置裁减。

对于 SV 接收软压板、GOOSE 软压板，不同工程应用可能会有不同的需求，按照典型工程举例,实际工程参考执行。当实际工程与典型工程应用相同时,SV 接收软压板、GOOSE 软压板、装置虚端子应与规范一致。只有对于继电保护装置不能兼容的主接线,才允许修改模型文件。要求更改此类名称模型不影响继电保护装置的软件版本,可根据工程需求设置。

1.5 主接线型式

规定主接线型式的目的是为了便于对继电保护配置要求、组屏(柜)方案、端子排设计、压板和按钮设置等内容有针对性地进行说明。根据《国家电网公司 220kV 变电站典型设计》《国家电网公司 330kV 变电站典型设计》《国家电网公司 500kV 变电站典型设计》[国家电网公司 500(330)kV 变电站典型设计工作组,中国电力出版社,2005]和 Q/GDW 342—2009《500kV 变电站通用设计规范》的要求,并结合改、扩建工程的特点,规定了保护适用的主接线型式。

与规范相同的主接线,合并单元(MU)的配置应与规范相同,采用典型模型文件。只有不同主接线涉及模型修改时,才允许修改模型文件。

(1)330kV 及以上系统对供电可靠性要求较高,一般采用 3/2 断路器接线(随着西北 750kV 系统的建成,部分 330kV 变电站逐步采用双母线接线,500kV 采用 3/2 断路器接线);双母线接线型式节约投资,运行方式灵活,便于分区运行限制短路电流,故 220kV 系统一般采用双母线接线。

(2)考虑目前 500kV 变电站的 220kV 系统,重要回路一般均要求采用双回路供电,且 SF_6 断路器制造工艺成熟,检修周期长,如再普遍要求设置旁路母线,不但明显增加占地,也造成设备增加、操作增多、二次回路接线复杂,故双母接线型式不设置旁路母线。

1.6 装置基本类型

(1)常规装置:采用常规电缆进行采样、开入、开出等回路连接。

(2)智能化装置:采用 SV 进行采样,GOOSE 开入、GOOSE 开出。

(3)常规采样智能化装置:采用常规电缆进行采样,GOOSE 开入、GOOSE 开出。

第 2 章

"九统一"继电保护装置的一般规定

2.1 "九统一"继电保护装置的通用要求

（1）继电保护装置单点开关量输入定义采用正逻辑，即触点闭合为"1"，触点断开为"0"。

继电保护装置的单点开关量输入采用正逻辑，是参照大多数用户的使用习惯，做到规范统一，避免运行和管理混乱。如无特殊情况，一般采用"功能投入"或"收到开入"为"1"，表示开入触点闭合。例如：主保护（纵联保护）投入为"1"，开入触点闭合；"收信""远传1""远传2"都是收到开入为"1"，开入触点闭合。但重合闸功能例外，保护屏上设置了"停用重合闸"压板，采用了"停用重合闸"为"1"，开入触点闭合，主要原因如下：①符合用户长期的使用习惯；②继电保护装置已经设置了"闭锁重合闸"开入，"停用重合闸"开入可与之共用。

（2）智能变电站继电保护装置双点开关量输入定义："01"为分位，"10"为合位，"00"和"11"为无效。

对于智能变电站保护如何处理双点开关量输入的"无效"位置不作统一规定，但应以保护不误动为基本原则。建议无效状态处理方式为：对于双点开入信号，建议按照保持无效之前状态处理，如断路器位置和隔离开关位置；对于单点信号，建议按照"0"状态处理，如线路保护，GOOSE断链之前有远跳信号，断链以后按照无远跳信号处理。采用双点开关量输入的信号是：断路器位置状态、隔离开关位置状态。断路器和隔离开关的辅助常开、常闭触点分别接入智能终端的硬开入，智能终端发布断路器和隔离开关位置的双点GOOSE信息。

（3）继电保护装置功能控制字"1"和"0"的定义须统一规定。

1）"1"肯定所表述的功能。

2）"0"否定所表述的功能，或根据需要另行定义。

3）不应改变定值清单和装置液晶屏显示的"功能表述"。

不同厂家继电保护装置功能控制字"1"和"0"的定义差别很大，给定值整定和校核工作带来很大困难，尤其是双重化配置的两套保护采用不同厂家的产品时，问题更加突出。规定"1"肯定所表述的功能、"0"否定所表述的功能，是参照大多数用户的使用习惯，做到规范统一，避免运行和管理混乱。当控制字置"0"时，不应改变定值清单和装置液晶屏显示的"功能表述"。适应调度运行管理中严格的定值核对工作,如果改变了定值清单和装置液晶屏显示的"功能表述",则在定值核对工作中就会出现差异。例如:纵联零序保护中,"1"表示投入,"0"表示退出;允许式通道中,"1"表示允许式通道,"0"表示闭锁式通道。

(4)常规继电保护装置压板设置方式:保护功能投退的软、硬压板应一一对应,采用"与门"逻辑。

以下压板除外:

1)"停用重合闸"控制字、软压板和硬压板三者为"或门"逻辑。一般情况"保护功能"投退软、硬压板应一一对应,采用"与门"逻辑,以满足运行人员就地投退硬压板或远方操作软压板实现保护功能的投退,而停用重合闸功能属于例外情况。

2)"远方操作"只设硬压板。"远方投退压板""远方切换定值区"和"远方修改定值"只设软压板,只能在装置本地操作,三者功能相互独立,分别与"远方操作"硬压板采用"与门"逻辑。当"远方操作"硬压板投入后,上述三个软压板远方功能才有效。

3)"远方操作"硬压板投入后,装置只能在远方进行操作(特别注意此时不能在装置本体就地操作);"远方操作"硬压板退出后,装置才能在就地(装置本体)进行操作。

4)"保护检修状态"只设硬压板。对于采用 DL/T 1146—2009《DL/T 860 实施技术规范》标准时,当"保护检修状态"硬压板投入,继电保护装置报文上送带品质位信息。"保护检修状态"硬压板遥信不置检修状态。

(5)智能化装置压板设置方式:继电保护装置只设"远方操作"和"保护检修状态"硬压板,保护功能投退不设硬压板。

1)"远方操作"只设硬压板。"远方投退压板""远方切换定值区"和"远方修改定值"只设软压板,只能在装置本地操作,三者功能相互独立,分别与"远方操作"硬压板采用"与门"逻辑。当"远方操作"硬压板投入后,上述三个软压板远方功能才有效;"远方操作"只设硬压板,原因是要给现场一个可操作的控制手段,从而实现所有保护的远方操作有一个就地安全措施把关;"远方操作"硬压板投入后,装置只能在远方进行操作(特别注意此时不能在装置本体就地操作);"远方操作"硬压板退出后,装置才能在就地(装置本体)进行操作。

2)保护功能投退不设硬压板,采用软压板进行控制。

3)"保护检修状态"只设硬压板,当该压板投入时,继电保护装置报文上送带品质位信息。"保护检修状态"硬压板遥信不置检修状态。

装置检修状态通过装置压板开入实现,检修压板应只能就地操作,当压板投入时,表示装置处于检修状态。装置应通过 LED 状态灯、液晶显示或报警接点提醒运行、检修人员装置处于检修状态。继电保护装置检修处理机制如下:

a. MMS 报文检修处理机制。装置应将检修压板状态上送客户端;当装置检修压板投入时,该装置上送的所有报文中信号的品质 q 的 Test 位应置位;当装置检修压板退出时,经该装置转发的信号应能反映 GOOSE 信号的原始检修状态;客户端根据上送报文中的品质 q 的 Test 位判断报文是否为检修报文并作出相应处理。当报文为检修报文,报文内容应不显示在简报窗中,不发出音响告警,但应该刷新画面,保证画面的状态与实际相符。

检修报文应存储，并可通过单独的窗口进行查询。

b. GOOSE 报文检修处理机制。当装置检修压板投入时，装置发送的 GOOSE 报文中的 Test 位应置位；GOOSE 接收端装置应将接收的 GOOSE 报文中的 Test 位与装置自身的检修压板状态进行比较，只有两者一致时才将信号作为有效信号进行处理或动作，不一致时宜保持一致前状态；当发送方 GOOSE 报文中 Test 位置位时发生 GOOSE 中断，接收装置应报具体的 GOOSE 中断告警，但不应报"装置告警（异常）"信号，不应点"装置告警（异常）"灯。

c. SV 报文检修处理机制。当合并单元装置检修压板投入时，发送采样值报文中采样值数据的品质 q 的 Test 位应置 True；SV 接收端装置应将接收的 SV 报文中的 Test 位与装置自身的检修压板状态进行比较，只有两者一致时才将该信号用于保护逻辑，否则应按相关通道采样异常进行处理；对于多路 SV 输入的继电保护装置，一个 SV 接收软压板退出时应退出该路采样值，该 SV 中断或检修均不影响装置运行。

（6）投退保护 SV 接收压板时，装置应给出明确的提示确认信息，经确认后可退出压板；保护 SV 接收压板退出后，电流/电压显示为 0，不参与逻辑运算。

1）按照继电保护装置设计原理，当合并单元检修压板投入时，合并单元输出采样数据为检修状态，保护电流采样无效，闭锁相关电流保护，只有将继电保护装置 SV 接收软压板退出，才能解除保护闭锁。继电保护装置按直接连接的合并单元（不包含级联合并单元）分别设置 SV 接收压板，当间隔停电、继电保护装置停运后，允许退出此压板。例如：3/2 接线方式下，边断路器检修，线路间隔不停电，线路保护还要运行，此时需要在线路保护装置内操作退出边断路器合并单元的 SV 接收压板。

2）当在继电保护装置上就地退出 SV 压板时，装置应发出告警提醒操作人员防止误操作，操作人员确认无误后可继续退出 SV 接收压板，远方操作时不考虑此功能。

3）SV 接收压板退出之后，对应的电流/电压显示为 0，不参与逻辑运算；SV 接收压板退出与常规变电站保护封 TA 的功能相同。

（7）继电保护装置、合并单元的保护采样回路应使用 A/D 冗余结构（共用一个电压或电流源），继电保护装置采样频率不应低于 1000Hz，合并单元采样频率为 4000Hz。合并单元应具有对异常数的防误能力。

GB/T 14285—2006《继电保护和安全自动装置技术规程》第 4.1.12.5 条规定要求"除出口继电器外，装置内的任一元件损坏时，装置不应误动作跳闸"。如果采用单 A/D 结构，采样回路出错后，启动和逻辑运算均同时满足，容易导致保护误动作。因此要求采用双 A/D 结构，继电保护装置采用两路不同的 A/D 采样数据，当某路数据无效时，继电保护装置应告警、合理保留或退出相关保护功能；当双 A/D 数据之一异常时，继电保护装置应采取措施，防止保护误动作。

（8）继电保护装置的测量范围下限为 $0.05I_N$，上限为（$20\sim40$）I_N，在此范围内继电保护装置的测量精度均需满足测量误差不大于相对误差 5% 或绝对误差 $0.02I_N$。但在 $0.05I_N$ 以下范围，用户应能整定并使用；故障电流超过继电保护装置上限时，继电保护装置不误动、不拒动。

1）对于 500kV 系统，当线路输送功率较高时，常选用变比较大的 TA，如 4000/1

等，而作为线路接地短路故障最末段保护的零序过流Ⅲ段保护，为了能可靠切除高阻接地故障，定值整定要求为 300A（一次值），因此部分厂家 $0.1I_N$ 下限定值不能满足整定要求。

2）根据各生产厂家的具体情况，要求继电保护装置的测量范围下限为 $0.05I_N$，上限为 $(20\sim40)I_N$，保护装置在测量范围内的测量精度均需满足测量误差不大于相对误差 5% 或绝对误差 $0.02I_N$。但在 $0.05I_N$ 以下范围，用户应能整定并使用；实际故障电流超过电流上限 $(20\sim40)I_N$ 时，继电保护装置不误动、不拒动。

（9）继电保护装置的定值需满足下列要求：

1）继电保护装置电流、电压和阻抗定值应采用二次值，并输入 TA 和 TV 的变比等必要参数。

2）保护总体功能投退，如线路保护的"纵联距离保护"，可由运行人员就地投退硬压板或远方操作投退软压板实现。

3）运行中基本不变的保护分项功能，如线路保护的"距离保护Ⅰ段"采用控制字投退。可显著减少定值整定和运行操作人员的负担。

4）继电保护装置的定值清单应按设备参数定值部分、继电保护装置数值型定值部分和继电保护装置控制字定值部分的顺序排列。

5）继电保护装置软压板与保护定值相对独立，软压板的投退不应影响定值。

6）线路保护装置至少设 16 个定值区，其余继电保护装置至少设 5 个定值区。

7）继电保护装置具有可以实时上送定值区号的功能。

8）继电保护装置上送后台定值及软压板应符合相关要求。

9）继电保护装置允许的定值整定范围应不小于规程的要求。

（10）继电保护装置接口应满足下列要求：

1）对时接口。应支持接收对时系统发出的 IRIG-B 对时码。条件成熟时也可采用 GB/T 25931—2010《网络测量和控制系统的精确时钟同步协议》进行网络对时，对时精度应满足要求。

2）MMS 通信接口。装置应支持 MMS 网通信，3 组 MMS 通信接口（包括以太网或 RS485 通信接口），MMS 至少需 2 路 RJ45 电口。

3）智能变电站 SV 和 GOOSE 通信接口。GOOSE 组网和点对点通信、SV 组网和点对点通信。SV 和 GOOSE 光口数量应满足需求。

4）智能变电站继电保护装置应支持 SV 单光纤接收。

（11）继电保护装置在正常运行时应能显示电流、电压等必要的参数及运行信息，默认状态下，相关的数值显示为二次值，也可选择显示系统的一次值。

继电保护装置液晶屏循环显示电流、电压值可以是一次值，也可以是二次值，以满足不同需要的运行监视。设备参数定值中包含 TA 和 TV 的一次值和二次值，默认 TV 二次额定线电压为 100V。整定上习惯采用二次值，方便线路保护和对侧保护配合；另外，整定计算的软件工具大部分都是基于二次值。

（12）继电保护装置应能记录相关保护动作信息，保留 8 次以上最新动作报告。每个动作报告至少应包含故障前 2 个周波、故障后 6 个周波的数据。

保护记录的信息分为：①故障信息，包括跳闸、电气量启动而未跳闸等，各种情况下，均应有符合要求的动作报告；②导致开入量发生变化的操作信息（例如：跳闸位置开入、压板投退），作为一个事件，也应有事件记录；③各种异常告警信息，应有相应记录。为防止保护频繁启动导致事故报告丢失，不便于事故分析，保护应保留8次以上完整的最新动作报告。

（13）继电保护装置记录的所有数据应能转换为GB/T 14598.24—2017《量度继电器和保护装置　第24部分：电力系统暂态数据交换（COMTRADE）通用格式》规定的电力系统暂态数据交换通用格式（COMTRADE）。

（14）继电保护装置记录的动作报告应分类显示，具体要求如下：

1）供运行、检修人员直接在装置液晶屏调阅和打印的功能，便于值班人员尽快了解情况和事故处理的保护动作信息；为了使当值调度员尽快了解现场事故状况，以便及时、有效地处理事故，保护动作报告应为主要故障和保护动作信息的中文简述。例如：2008 - 04 - 15　22：16：46，500kV石雅一线故障A、B、C相（三相）跳闸，重合成功、或重合不成功、未重合，测距56km。

2）供继电保护专业人员分析事故和保护动作行为的记录，应有详细的保护动作时序记录、开入量变位情况、与动作保护有关的定值、电流电压波形图等。

（15）继电保护装置的定值、控制字、软压板和开入量名称应规范、统一，具体要求如下：

1）对于不能完整显示标准名称的装置，厂家应在说明书中提供与标准名称相应的对照表。

2）硬压板名称应与对应软压板名称一致。

（16）继电保护装置软件版本构成方案如下：

1）基础软件由"基础型号功能"和"选配功能"组成。

2）基础软件版本含有所有选配功能，不因"选配功能"不同而改变。

3）基础软件版本描述由基础软件版本号、基础软件生成日期、程序校验码（位数由厂家自定义）组成。

4）继电保护装置软件版本描述方法见图2-1。

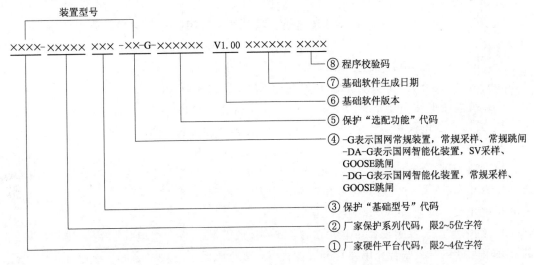

图2-1　继电保护装置软件版本描述方法

2.2 "九统一"继电保护装置的建模原则

(1) GOOSE、SV 输入虚端子采用 GGIO 逻辑节点,GOOSE 输入 GGIO 应加 "GOIN" 前缀;SV 输入 GGIO 应加 "SVIN" 前缀。

(2) 智能变电站装置断路器、隔离开关位置采用双点信号,其余信号采用单点信号。

(3) 智能变电站继电保护装置对应一台 IED 设备应只接收一个 GOOSE 发送数据集,该数据集应包含保护所需的所有信息。

目前有的智能变电站继电保护装置 GOOSE 发送数据集有多个,给集成调试时的识别以及问题查询带来了困难,因此要求各设备制造厂,智能变电站继电保护装置对应一台 IED 设备,应只接收一个 GOOSE 发送数据集,该数据集应包含保护所需的所有信息。

(4) GOOSE 虚端子信息应配置到 DA 层次,SV 虚端子信息应配置到 DO 层次。

目前智能变电站 GOOSE 报文不传输 q,因此要求 GOOSE 发布虚端子定义到 DA 层,明确是传输值还是时间。GOOSE 发布虚端子信息配置到 DA 层,要求 GOOSE 发布数据集定义到 DaName。

(5) GOOSE、SV 输出逻辑节点建模须满足如下要求:

1) GOOSE、SV 输出虚端子逻辑节点采用专用类别描述,按照根据 Q/GDW 396—2009《IEC 61850 工程继电保护应用模型》标准建模。

2) 保护模型中对应要跳闸的每个断路器各使用一个 TVRC 实例,应含跳闸、启动失灵(如有)、闭锁重合闸(如有)等信号及其相关软压板。

3) 跳断路器和启动失灵在一个实例中。

4) 重合闸动作采用 RREC 建模。

5) 失灵联跳开出采用 TVRC 建模。

6) 合并单元采用 TTAR 或 TVTR 建模,双 A/D 应配置相同的 TTAR 或 TVTR 实例,分相互感器应按相建实例。

7) 智能终端:断路器采用 XCBR 建模,隔离开关采用 XSWI 建模,分相断路器应按相建实例。

8) GOOSE 输出软压板应在相关输出信号 LN 中建模。

9) GOOSE、SV 接收软压板采用 GGIO.SPCSO 建模。

(6) 智能变电站 GOOSE、SV 软压板设置须满足如下原则:

1) 宜简化继电保护装置之间、继电保护装置和智能终端之间的 GOOSE 软压板。

2) 继电保护装置应在发送端设置 GOOSE 输出软压板。

3) 线路保护及辅助装置不设 GOOSE 接收软压板;母线保护,双母线和单母线接线启动失灵开入,3/2 接线失灵联跳开入,均设置 GOOSE 接收软压板;变压器保护,增加失灵联跳开入,设置 GOOSE 接收软压板。

4) 继电保护装置应按合并单元设置 "SV 接收" 软压板,继电保护装置按直接连接的合并单元(包含级联合并单元)分别设置 SV 接收压板,当间隔停电、继电保护装置停运后,允许退出此压板。SV 接收压板退出与常规变电站保护封 TA 的功能相同。

（7）引用路径按照 Q/GDW 1396—2012《IEC 61850 工程继电保护应用模型》执行。GOOSE 虚端子引用路径的格式为"LD/LN. DO. DA"，SV 虚端子引用路径的格式为"LD/LN. DO"。虚端子引用路径格式见图 2-2。

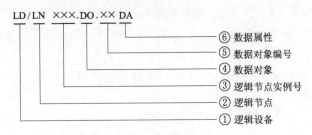

图 2-2　虚端子引用路径格式

（8）装置虚端子须满足如下要求：

1）宜采用 Excel（＊.csv）、CAD（＊.dwg）格式文件。

2）虚端子中不应有重复的信号名称。必要时应在末端增加数字区分，如备用 1、备用 2。

3）信号名称同名扩展命名原则：信号名称 $m-n$，m 为小组编号（与逻辑节点实例号对应，只有一组时 m 省略）、n 为小组内部对象序号（与数据对象编号对应）。例如：第一组"远传"表述为远传 1-1、远传 1-2，第二组"远传"表述为远传 2-1、远传 2-2。

4）3/2 断路器接线线路继电保护装置和短引线继电保护装置的中断路器应能通过不同输入虚端子对电流极性进行调整。

5）合并单元输出数据极性应与互感器一次极性一致。间隔层装置如需要反极性输入采样值时，应建立负极性 SV 输入虚端子模型。例如：3/2 接线方式下，如果两边的线路和短引线保护共用中断路器互感器的二次线圈（TA 采用支柱式互感器，二次线圈绕组配置少的情况），这样中断路器电流合并单元只能按一种互感器极性连接电缆，但是对于两边的线路和短引线保护来说，需要接入的极性正好相反。

这种情况有以下处理方式：

a. 在合并单元处进行调整。合并单元同时输出正反极性 SV，继电保护装置可以根据需求订阅正负极性 SV。但是这种方式增大了过程层网络 SV 信息的处理流量。

b. 在继电保护装置处调整。合并单元只输出正极性 SV，通过修改继电保护装置的配置文件或控制字来进行负极性 SV 的订阅。但是这种方式增加了继电保护装置管理的难度。

c. 完全通过虚端子连接进行调整。合并单元只输出正极性 SV，但是继电保护装置有正反 2 种极性的 SV 输入。通过修改合并单元与继电保护装置的虚端子连接可以实现继电保护装置正负极性 SV 的订阅。

采用完全通过虚端子连接进行调整的方式，两侧的线路和短引线保护能通过自身的不同输入虚端子对电流极性进行调整。这种方式可以有效地减少合并单元 SV 的发送数据量，减轻其负担；减轻过程层网络负载，降低继电保护装置管理的难度；另外通过调整虚端子连接方式延续了常规变电站更改互感器电流极性的一贯做法（更改电缆接线）。

2.3 "九统一"继电保护配置及二次回路的通用要求

（1）继电保护配置及组屏（柜）的原则须满足如下要求：

1）遵循"强化主保护，简化后备保护和二次回路"的原则进行继电保护配置、选型与整定。

2）优先采用主保护、后备保护一体化的微机型继电保护装置，保护应能反映被保护设备的各种故障及异常状态。

对于微机型继电保护装置，220kV 以上系统采用双重化配置方案，由外部输入或装置本身软硬件异常导致的单装置停运，可通过另一套完整的继电保护装置实现所有保护功能。为简化保护输入回路、提高保护的集成度，从而提高保护的可靠性，优先采用"主后装置合一、主后 TA 合一"的继电保护装置（这种装置的硬件含有主保护和后备保护，两者共用 TA 和 TV 的二次绕组，体积较小且接线简单，功能集成度高）。

3）常规变电站双重化配置的继电保护装置应分别组在各自的保护屏（柜）内，继电保护装置退出、消缺或试验时，宜整屏（柜）退出。

保护组屏（柜）及二次回路设计时，强调每套继电保护装置的完整性和独立性，尽量减少柜间连线，为整屏退出运行创造有利条件，以提高运行、检修的安全性。在继电保护装置双重化配置的条件下，为提高检修的安全性，在消缺或试验时，宜整屏（柜）退出。

4）智能变电站双重化配置的继电保护装置宜分别组在各自的保护屏（柜）内，继电保护装置退出、消缺或试验时，宜整屏（柜）退出。当双重化配置的继电保护装置组在一面保护屏（柜）内，继电保护装置退出、消缺或试验时，应做好防护措施。

智能变电站设备外接线缆少，当屏柜安装位置紧张时（如采用智能控制柜或预制舱安装方式），会存在双重化配置的设备安装在同一面屏柜上，此时要求每套保护相关的端子排或其他开入、开出回路应尽量独立布置，以便于检修时做好安全防护措施。

5）双重化配置的继电保护装置，两套保护的跳闸回路应与断路器的两个跳闸线圈分别一一对应。

6）两套线路保护均含重合闸功能，当采用单相重合闸方式时，不采用两套重合闸相互启动和相互闭锁方式；当采用三相重合闸方式时，可采用两套重合闸相互闭锁方式。

单相重合闸方式是单相故障保护单相跳闸单相重合闸，相间故障保护三相跳闸不重合。此时如果第一套保护三相永跳，第二套保护收到三相跳位开入就会放电不重合，故不会导致第二套保护依据断路器三相跳位而启动重合闸，所以不需要两套继电保护装置重合闸相互闭锁。三相重合闸方式是单相故障保护三相跳闸三相重合闸，多相故障根据"多相故障是否重合闸"控制字判断是否重合。一般两套保护均选用多相故障不重合，如发生相间故障，第一套保护动作三相永跳，第二套保护没有动作，会导致第二套保护依据断路器三相跳位而误启动重合闸，需要第一套保护通知第二套保护不能重合，所以，三相重合闸方式，两套保护装置需要相互闭锁重合闸。

7）对于含有重合闸功能的线路保护，当发生相间故障或永久性故障时，可只发三个分相跳闸命令，三相跳闸回路不宜引接。

双母接线形式的线路保护，含有重合闸功能，一般情况下，不论发生何种故障，继电保护装置的单相跳闸和三相跳闸都由三个分相跳闸触点完成。分相启动失灵回路，也由分相跳闸触点驱动。对于采用单相重合闸方式的两套保护之间，重合闸不需要互相启动和闭锁，线路三相跳闸联切机组和联切负荷也较少使用，所以，三相跳闸命令不宜引接至端子排。

8）线路保护应提供直接启动失灵保护的分相跳闸触点。

9）线路保护独立完成合闸（包括手合、重合）后加速跳闸功能。

（2）继电保护装置信号触点须满足如下要求：继电保护装置信号触点按变电站计算机监控系统和故障录波的要求设计，遵循"重要信号以硬触点形式上送，充分利用网络软报文"的原则简化继电保护装置信号，从而达到简化二次回路的目的。保持信号为发信号以后需要按复归按钮才能复归、失去直流以后信号不丢失的信号，为便于事故分析，跳闸信号应为磁保持触点；非保持信号为异常动作量不消失时信号保持，异常动作量消失时信号返回的信号，对于告警信号，一般采用不保持触点（非磁保持触点）。护装置的跳闸信号和告警信号均应接入计算机监控系统，仅保护跳闸、合闸信号启动故障录波。与监控系统接口时，要求监控系统能接受不保持信号并做好记录，不丢失信息。Q/GDW 1161—2014《线路保护及辅助装置标准化设计规范》弱化了对保持触点的依赖和使用："对常规变电站保护的跳闸信号，只要求一组可选的保持触点；对常规保护的过负荷、运行异常和装置故障等告警信号，没有保持触点的要求。"而 Q/GDW 161—2007《线路保护及辅助装置标准化设计规范》要求必须提供一组跳闸信号的保持触点、一组告警信号的保持触点；智能化装置（常规采样）的运行异常和装置故障告警信号至少 1 组不保持触点。

1）常规变电站继电保护装置的跳闸信号：2 组不保持触点，1 组保持触点（可选）。

2）常规变电站继电保护装置的过负荷、运行异常和装置故障等告警信号：至少 1 组不保持触点。

3）智能变电站继电保护装置的运行异常和装置故障告警信号：至少 1 组不保持触点。

（3）电缆直跳回路需满足如下要求：

1）对于可能导致多个断路器同时跳闸的直跳开入，应采取措施防止直跳开入的保护误动作。例如，在开入回路中装设大功率抗干扰继电器，或者采取软件防误措施。软件防误的具体方法是，在有直跳开入时，需经 50ms 的固定延时确认，同时，还必须伴随灵敏的、不需整定的、展宽的电流故障分量启动元件动作。硬件防误的具体的方法是，对直跳回路加装抗交流的、启动功率较大的重动继电器。

2）大功率抗干扰继电器的启动功率应大于 5W，动作电压为额定直流电源电压的 55%～70%，额定直流电源电压下动作时间为 10～35ms，应具有抗 220V 工频电压干扰的能力。

3）当传输距离较远时，可采用光纤传输跳闸信号。电缆过长的缺点包括损耗过高、抗干扰能力弱、安全性差、可靠性低等，此时采用光纤传输可克服以上缺点。

（4）3/2 断路器接线"沟通三相跳闸"和重合闸须满足如下要求：

1）3/2 断路器接线"沟通三相跳闸"功能由断路器保护实现，断路器保护失电时，由断路器三相不一致保护三相跳闸。

15

采用 3/2 断路器接线型式,当断路器继电保护装置本身故障或失去直流电源时,发生线路单相故障,线路保护单相跳闸后,断路器保护不能实现单相重合闸,此时只能由断路器机构的三相不一致保护延时跳三相,比采用断路器保护沟三常闭触点方式要慢一些。对于 3/2 接线形式,单断路器非全相并不等于系统非全相,延时三相跳闸,不影响电力系统的稳定运行。

2) 3/2 断路器接线的断路器重合闸,先合断路器合于永久性故障,两套线路保护均加速动作,跳三相并闭锁重合闸。

对于 3/2 接线形式,先合闸的断路器如合于永久性故障,线路保护除发三个分相跳闸令以外,还应发三相跳闸(永跳)触点或闭锁重合闸触点,该触点分别接入先合和后合的两个断路器继电保护装置的三相跳闸开入或闭锁重合闸开入,起到闭锁后合断路器重合闸的作用,防止线路永久性故障时后合断路器误重合。同一线路两台断路器的继电保护装置之间不相互启动和闭锁重合闸。

(5) 双母线接线重合闸、失灵启动需满足如下要求:

1) 对于含有重合闸功能的线路保护装置,设置"停用重合闸"压板。"停用重合闸"压板投入时,闭锁重合闸、任何故障均三相跳闸。

2) 双母线接线的断路器失灵保护,应采用母线保护中的失灵电流判别功能,不配置含失灵电流启动元件的断路辅助装置。

3) 应采用线路保护的分相跳闸触点(信号)启动断路器失灵保护。

4) 常规变电站当线路支路有高压并联电抗器、过电压及远方跳闸保护等需要三相启动失灵时,采用操作箱内 TJR 触点启动失灵保护。

5) 智能变电站当线路支路有高压并联电抗器等需要三相启动失灵时,宜由高压并联电抗器保护直接启动失灵保护。

(6) 发电机—变压器—线路单元接线保护宜单独配置集成自动重合闸功能的断路器保护;宜采用断路器保护中的失灵保护功能,当线路或变压器保护动作,断路器失灵时,启动远跳功能跳开对侧断路器。

(7) 操作箱(插件)须满足如下要求:

1) 两组操作电源的直流空气开关应设在操作箱(插件)所在屏(柜)内,不设置两组操作电源的切换回路,防止压力公共回路发生故障或操作回路的其他地方发生故障时,由于切换回路的存在而导致两组直流电源同时失去,故不设置两组直流操作电源的切换回路。

2) 操作箱(插件)应设有断路器合闸位置、跳闸位置和电源指示灯。

3) 操作箱(插件)的防跳功能应方便取消。操作箱的防跳功能大多数采用串联于跳闸回路的电流继电器启动方式,称为"串联防跳";断路器操作机构的防跳功能大多数采用并联于跳闸回路的电压继电器启动的方式,称为"并联防跳"。远方操作时,采用"串联防跳",也可以采用"并联防跳";就地操作时,只能采用"并联防跳"。"串联防跳"和"并联防跳"不能同时使用,如同时使用,在断路器处于合闸位置时可能造成跳闸位置继电器误启动。由于保护的防跳回路在断路器控制置于就地方式时不能起到防跳的作用,断路器厂家要求采用断路器本体防跳,以保证断路器在远方操作和就地操作时均有防跳功能,可以更好地保护断路器,因此推荐优先采用断路器本体防跳。考虑到原有部分断路器不满足本体防跳的要求,操作箱内也设有防跳功能,但应能够方便地取消。无论是否采用操作箱的防跳功能,均应采用操作箱跳合闸保持功能。不论采用何种防跳功能,在远方操作和就地操作时都不能失去防跳功能。同时,一次设备故障时,均要能可靠跳闸。

4)跳闸位置监视与合闸回路的连接应便于断开,端子按跳闸位置监视与合闸回路依次排列。当采用断路器本体防跳时,应断开 TWJ 与合闸回路的连接,否则,断路器本体的并联防跳回路与 TWJ 回路串联,将导致 TWJ 和断路器本体防跳继电器均不能正常工作。例如,当线路发生永久性故障,重合闸失败时,因断路器本体防跳继电器与 TWJ 回路串联分压后的电压大于该继电器的返回电压,造成防跳继电器自保持,此时再手合断路器时会发生拒合现象,影响了系统恢复送电的时间。

5)防止继电保护装置先上电而操作箱后上电时断路器位置不对应误启动重合闸,宜由操作箱(插件)对继电保护装置提供"闭锁重合闸"触点方式,不采用"断路器合后"触点的开入方式。

(8)电压切换箱(回路)须满足如下要求:

1)隔离开关辅助触点采用单位置输入方式,电压切换直流电源与对应继电保护装置直流电源共用自动空气开关。采用单位置触点的优点是简单,便于实现,不会造成二次交流电压"非等电位连接";其缺点是当隔离开关辅助触点接触不良或失去直流电源时,整套保护会失去交流电压。按照双重化配置的保护,应允许短时退出一套保护。但应注意以下问题:①切换箱应与保护共用一组电源和空气开关,可防止 TV 失压导致距离保护误动作;②切换箱不能采用控制回路电源,当控制电源消失后,距离保护误动作,由于操作箱的控制电源失电,不能跳开断路器,将误启动失灵保护,造成严重后果。

2)切换继电器同时动作和 TV 失压时应发信号。同一单元的两个切换继电器同时动作时,用两个切换继电器的常开触点串联发告警信号,此时不允许运行人员断开母联断路器,以防止二次交流电压"非等电位连接"。同一单元的两个切换继电器同时失磁时,用两个切换继电器的常闭触点和断路器合位 HWJ 串联发 TV 失压信号。继电保护装置失去交流电压后将距离保护退出运行。

(9)打印机设置需遵循如下原则:

1)现阶段打印机分散布置在各保护屏内,维护工作量大,利用率极低。继电保护装置宜采用移动打印,每个继电器小室配置 1~2 台打印机,为便于调试,各厂家应支持就地经标准串口打印(如连接 LQ-300K 等常用打印机),打印波特率默认为 19200。

2)定值(包含设备参数、数值型定值、控制字定值)和软压板分别打印。

3)定值清单中的"类别"列和"定值范围"列可不打印。

(10)交流电源设置原则为:户内保护屏(柜)内一般不设交流照明、加热回路。保护屏(柜)设置的照明回路一般是受屏(柜)后门关合自动控制的照明灯。当屏(柜)后门开启不稳定时,容易造成照明回路接触不良,反复拉弧造成的高频干扰容易导致保护误动作。根据 DL/T 5390—2014《发电厂和变电站照明设计技术规定》要求,继电保护小室内光照度都很高,完全能满足现场工作要求,因此屏柜内可不设照明回路。同时布置于继电器室内屏柜内的元器件和端子排也不易结露,不需要加热驱露,因此一般不设加热回路。对于户外柜,照明、温湿度控制等依然需要使用交流电源。

(11)保护屏(柜)端子排设置须遵循如下原则:

1)按照"功能分区,端子分段"的原则,根据保护屏(柜)端子排功能不同,分段设置端子排。

2)端子排按段独立编号,每段应预留备用端子。

3)公共端、同名出口端采用端子连线。

4)交流电流和交流电压采用试验端子。

5)跳闸出口采用红色试验端子,并与直流正电源端子适当隔开。

6)一个端子的每一端只能接一根导线。

(12)硬压板及按钮设置需遵循如下原则:

1)压板设置遵循"保留必需,适当精简"的原则。

2)每面屏(柜)压板不宜超过5排,每排设置9个压板,不足一排时,用备用压板补齐。分区布置出口压板和功能压板。压板在屏(柜)体正面自上而下,从左至右依次排列。

3)保护跳闸出口及与失灵回路相关出口压板采用红色,功能压板采用黄色,压板底座及其他压板采用浅驼色。

4)标签应设置在硬压板、转换开关及按钮下方或其本体上。

5)转换开关、按钮安装位置应便于巡视、操作,方便检修。

2.4 保护及辅助装置编号原则

保护及辅助装置编号原则见表2-1。

表2-1 保护及辅助装置编号原则

序号	装 置 类 型	装置编号	屏(柜)端子编号
1	线路保护	1n	1D
2	线路独立后备保护(可选)	2n	2D
3	断路器保护(带重合闸)	3n	3D
4	操作箱、断路器智能终端	4n	4D
5	交流电压切换箱	7n	7D
6	过电压及远方跳闸保护	9n	9D
7	短引线保护	10n	10D
8	远方信号传输装置	11n	11D
9	继电保护通信接口装置	24n	24D
10	合并单元	13n	13D

2.5 智能变电站二次回路设计要求

(1)两套保护的跳闸回路应与两个智能终端分别一一对应。两个智能终端应与断路器的两个跳闸线圈分别——对应。

（2）双重化的两套保护及其相关设备（电子式互感器、合并单元、智能终端、网络设备、跳闸线圈等）的直流电源应——对应。

（3）智能变电站单间隔继电保护装置与本间隔智能终端、合并单元之间应采用点对点方式通信。

（4）跨间隔智能变电站保护（如母线保护）与各间隔合并单元之间应采用点对点方式通信，与各间隔智能终端之间宜采用点对点方式通信，如确有必要采用其他跳闸方式，相关设备应满足保护对可靠性和快速性的要求。

（5）智能变电站装置过程层 GOOSE 信号应直接链接，不应由其他装置转发。当装置之间无网络连接，但又需要配合时，宜通过智能终端输出触点建立配合关系。如三相重合闸方式下两套保护间的闭锁重合闸信号。

（6）智能变电站继电保护装置跳闸触发录波信号应采用保护 GOOSE 跳闸信号。

（7）继电保护装置、智能终端等智能电子设备间的相互启动、相互闭锁、位置状态等交换信息可通过 GOOSE 网络传输，双重化配置的保护之间不直接交换信息。

（8）双 A/D 采样数据须同时连接虚端子，不能只连接其中一个。

2.6 合并单元设计规范

2.6.1 配置要求

（1）双套配置的保护对应合并单元应双套配置。

（2）母线电压合并单元可接收 3 组电压互感器数据，并支持向其他合并单元提供母线电压数据，根据需要提供电压并列功能。各间隔合并单元所需母线电压量通过母线电压合并单元转发。

2.6.2 具体配置

（1）3/2 断路器接线：每段母线按双重化配置 2 台母线电压合并单元。

（2）双母线接线，两段母线按双重化配置 2 台母线电压合并单元。每台合并单元应具备 GOOSE 接口，接收智能终端传递的母线 TV 隔离开关位置、母联隔离开关位置和断路器位置，用于电压并列。

（3）双母单分段接线，按双重化配置 2 台母线电压合并单元，含电压并列功能（不考虑横向并列）。

（4）双母双分段接线，按双重化配置 4 台母线电压合并单元，含电压并列功能（不考虑横向并列）。

（5）用于检同期的母线电压由母线合并单元点对点通过间隔合并单元转接给各间隔继电保护装置。

2.6.3 技术原则

（1）合并单元应支持 DL/T 860.92—2016《电力自动化通信网络和系统 第 9 - 2 部分：

特定通信服务映射（SCSM）—基于 ISO/IEC 8802-3 的采样值》或 GB/T 20840.8—2007 《互感器第 8 部分：电子式电流互感器》等规约，通过 FT3 或 DL/T 860.92—2006《变电站通信网络和系统 第 9-2 部分：特定通信服务映射（SCSM）映射到 ISO/IEC 8802-3 的采样值》中所规定的接口实现合并单元之间的级联功能。

（2）合并单元应能接受外部公共时钟的同步信号，与 ETA、EVT 的同步可采用同步采样脉冲。

（3）按间隔配置的合并单元应接收来自本间隔 TA 的电流信号，若本间隔有 TV，还应接入本间隔电压信号。若本间隔二次设备需接入母线电压，还应级联接入来自母线电压合并单元的母线电压信号。

（4）若电子式互感器由合并单元提供电源，合并单元应具备对激光器的监视以及取能回路的监视能力。

2.7 智能终端设计规范

2.7.1 配置要求

（1）双套配置的保护对应智能终端应双套配置。

（2）本体智能终端宜集成非电量保护功能，单套配置。

2.7.2 技术原则

（1）接收保护跳合闸 GOOSE 命令，测控的遥合/遥分断路器、隔离开关等 GOOSE 命令。

（2）发出收到跳令的报文。

（3）GOOSE 直传双点位置：断路器分相位置、隔离开关位置。

（4）GOOSE 直传单点位置：遥合（手合）、低气压闭锁重合等其他遥信信息。

（5）断路器智能终端 GOOSE 发出组合逻辑：①闭锁本套重合闸，逻辑为遥合（手合）、遥跳（手跳）、TJR、TJF、闭锁重合闸开入、本智能终端上电的"或"逻辑；②双重化配置智能终端时，应具有输出至另一套智能终端的闭锁重合闸触点，逻辑为遥合（手合）、遥跳（手跳）、保护闭锁重合闸、TJR、TJF 的"或"逻辑。

（6）断路器智能终端应具备三相跳闸硬触点输入接口。

（7）断路器智能终端至少提供一组分相跳闸触点和一组合闸触点。

（8）断路器智能终端具有跳合闸自保持功能。

（9）断路器智能终端智能终端不宜设置防跳功能，防跳功能由断路器本体实现。

（10）除装置失电告警外，智能终端的其他告警信息通过 GOOSE 上送。

（11）智能终端配置单工作电源。

（12）智能终端应直传原始采集信息和组合逻辑信息，由应用端根据需要进行逻辑处理。

（13）智能终端发布的保护信息应在一个数据集。

2.8 智能变电站保护屏（柜）光缆（纤）要求

（1）线径及芯数要求如下：①光纤线径宜采用 $62.5/125\mu m$；②多模光缆芯数不宜超过 24 芯，每根光缆至少备用 20%，最少不低于 2 芯。

（2）敷设要求如下：①双重化配置的两套保护不共用同一根光缆，不共用 ODF 配线架；②保护屏（柜）内光缆与电缆应布置于不同侧，或有明显分隔。

2.9 保护与通信设备接口要求

2.9.1 保护用通信通道的一般要求

（1）双重化配置的线路纵联保护通道应相互独立，通道及接口设备的电源也应相互独立；线路保护装置中的双通道应相互独立。

（2）线路纵联保护优先采用光纤通道。采用光纤通道时，短线、支线优先采用专用光纤。采用复用光纤时，宜采用 2Mbit/s 数字接口。

（3）线路纵联电流差动保护通道的收发时延应相同。

（4）双重化配置的远方跳闸保护，其通信通道应相互独立；线路纵联保护采用数字通道的，"其他保护动作"命令宜经线路纵联保护传输。

（5）2Mbit/s 数字接口装置与通信设备采用 75Ω 同轴电缆不平衡方式连接。

（6）安装在通信机房继电保护通信接口设备的直流电源应取自通信直流电源，并与所接入通信设备的直流电源相对应，采用 - 48V 电源，该电源的正端应连接至通信机房的接地铜排。

（7）通信机房的接地网与主地网有可靠连接时，继电保护通信接口设备至通信设备的同轴电缆的屏蔽层应两端接地。

2.9.2 保护与通信设备连接要求

（1）在保护室和通信机房均设保护专用的光配线柜，光配线柜的容量、数量宜按照厂、站远景规模配置。

（2）保护室光配线柜至通信机房光配线柜采用单模光缆。光缆敷设 3 条（2 条主用，1 条备用）。每条光缆纤芯数量宜按照厂、站远景规模配置。

（3）保护室光配线柜至保护柜、通信机房光配线柜至接口柜均应使用尾缆连接。尾缆应使用 ST 或 FC 型连接器与设备连接。

（4）光缆通过光配线框线柜转接。

2.9.3 继电保护通信接口屏（柜）

使用复用数字通道时，采用满足 ITU G.703—2002《系列数字接口的物理/电特性》的 2Mbit/s 通信接口装置并要求如下：

（1）同一线路的两套保护的通信接口宜安装在不同屏（柜）上。

（2）统一屏（柜）尺寸并统一布置。初次安装的屏（柜）应方便后续通信接口安装，满足后续安装的通信接口只配接电源线和尾纤的要求。每一屏（柜）应能安装 8 台接口装置。

（3）光电转换装置采用 1U 标准机箱，高为 1U（约 44.45mm）、宽为 19 英寸（482.6mm）、深小于 300mm。

2.10 对相关设备及回路的要求

（1）三相不一致保护功能宜由断路器本体机构实现。三相不一致保护无论由继电保护装置实现，还是由断路器本体机构实现，都存在一些问题。由于各地的具体情况和管理模式不尽相同，存在的问题也不同。但是，从理顺关系、优化管理、简化保护二次回路考虑，要求分相操作的断路器本体机构配置三相不一致保护功能是合理的。同时，也对本体机构的三相不一致保护功能提出明确技术要求和技术指标，并通过加强管理，起到监督作用。对于一些特殊的地区和特殊的情况可以酌情特殊处理。

（2）断路器防跳功能应由断路器本体机构实现。由于保护的防跳回路在断路器控制置于就地方式时不能起到防跳的作用，为保证断路器在远方操作和就地操作时均有防跳功能，更好地保护断路器，推荐优先采用断路器本体防跳。考虑到原有部分断路器不满足本体防跳的要求，操作箱内也设有防跳功能，但应能够方便地取消。无论是否采用操作箱的防跳功能，均应采用操作箱跳合闸保持功能。

（3）断路器跳、合闸压力异常闭锁功能应由断路器本体机构实现，应能提供两组完全独立的压力闭锁触点。

要求断路器机构本身具有跳、合闸压力异常闭锁功能，一般情况，继电保护装置和操作箱可以不考虑此问题。但是，为了确保在压力低时不重合闸于永久故障上，闭锁重合闸可以采用双重把关。在继电保护装置跳闸以前，断路器机构的压力已经降到不能合闸的程度，要完成跳闸、合闸于永久故障、再跳闸的 3 个过程是不可能的，所以，此时由断路器操作机构为双重化的继电保护装置提供两组压力闭锁重合闸触点，继电保护装置收到闭锁重合闸开入以后，就不再重合闸，以增加闭锁重合闸的可靠性；在继电保护装置跳闸、重合闸启动以后，断路器机构的压力再降低，继电保护装置收到的闭锁信号将不再起作用，仍然可以发出合闸命令，此时，只能由断路器机构的压力闭锁回路闭锁重合闸。

（4）为简化电压切换回路，提高保护运行可靠性，双母线接线线路间隔宜装设三相 TV。

（5）双母线接线的线路保护，当配置双操作箱时，监控系统需提供两组遥跳触点。

（6）当采用双操作箱方案时，二次回路设计应保证两面保护柜均具备完整的重合闸功能。监控系统提供两组遥跳、一组遥合触点，保护 1 柜的操作箱遥跳、手跳、手合和遥合均接入，保护 2 柜的操作箱不接入手跳、手合和遥合触点。此时，保护 2 柜内操作箱的 HHJ 存在遥跳复位后不能重新置位的问题，在线路正常运行继电保护装置跳闸后，其常闭触点将不能闭锁本柜重合闸。为保证两套保护柜 HHJ 动作行为一致及启动事故音响回路正常工作，建议将第一套保护柜的手跳、手合触点引到第二套保护柜操作箱的手跳、手合回路，但此方案增加了两面保护柜间的联系。如果启动事故音响不采用硬触点上送信息时，也可将闭锁重合闸的 HHJ 触点改为 STJ（手跳）触点，此时 HHJ 继电器将失去传统意义。

第 3 章

"九统一"继电保护装置信息规范

3.1 继电保护信息输出基本原则

（1）标准明确继电保护信息（以下简称"保护信息"）输出内容，统一信息描述，实现各类保护信息输出标准化，在满足继电保护在线监测、信息可视化和智能诊断的基础上，对保护输出的信息进行优化。

（2）继电保护输出的信息按 Q/GDW 1161—2014《线路保护及辅助装置标准化设计规范》、Q/GDW 1175—2013《变压器、高压并联电抗器和母线保护及辅助装置标准化设计规范》和 Q/GDW 441—2010《智能变电站继电保护技术规范》所规定的各类保护功能描述，继电保护装置按配置的保护功能输出相应信息。

（3）为规范信息描述，智能变电站数字化接口与采样值相关的描述统称为 SV、与开关量相关的描述统称为 GOOSE。

（4）装置打印信息、装置显示信息描述应保持一致，与后台、远动信息的应用语义应保持一致性。

（5）规范适用于 DL/T 1146—2009《DL/T 860 实施技术规范》协议传输的信息，其他协议可参照执行。

3.2 继电保护输出信息要求

（1）继电保护应输出的信息包括信号触点、报文、人机界面、日志记录，具体如下：

1）信号触点是指"装置故障""运行异常"的触点。

2）报文是指保护动作信息、告警信息、在线监测信息、状态变位信息、中间节点信息等。

3）人机界面是指继电保护装置的菜单和面板显示灯。

4）日志记录是指日志数据集中的信息，包含保护动作信息、告警信息、状态变位信息等。

（2）保护装置输出的报文分保护动作信息、告警信息、在线监测信息、状态变位信息和中间节点信息五大类，与 Q/GDW 1396—2012《IEC 61850 工程继电保护应用模型》规定的继电保护装置 ICD 文件数据集一一对应，具体对应关系如下：

1) 保护动作信息，保护事件（dsTripInfo）、保护录波（dsRelayRec）。

2) 告警信息，故障信号（dsAlarm）、告警信号（dsWarning）、通信工况（dsComm-State）、保护功能闭锁（dsRelayBlk）。

3) 在线监测信息，交流采样（dsRelayAin）、定值区号（dsSetGrpNum）、装置参数（dsParameter）、保护定值（dsSetting）、内部状态监视（dsAin）。

4) 状态变位信息，保护遥信（dsRelayDin）、保护压板（dsRelayEna）、保护功能状态（dsRelayState）、装置运行状态（dsDeviceState）、远方操作保护功能投退（dsRelay-FunEn）。

5) 中间节点信息，通过中间文件上送，不设置数据集。

保护装置的日志记录应符合 Q/GDW 1396—2012《IEC 61850 工程继电保护应用模型》相关要求。

(3) 继电保护装置录波文件应符合 GB/T 14598.24—2017《量度继电器和保护装置 第 24 部分：电力系统暂态数据交换（COMTRADE）通用格式》相关要求。

(4) 数据集中分相动作、跳闸信息，应建模到一个数据对象（DO）。

(5) 继电保护动作应生成 5 个不同类型的文件，分别为 .hdr（头文件）、.dat（数据文件）、.cfg（配置文件）、.mid（中间文件）和 .des（自描述文件）。

(6) 继电保护装置应输出装置识别代码、继电保护装置软件版本、IED 过程层虚端子配置 CRC 码。

(7) 继电保护装置信息性能指标：装置在正常工况下，生成状态信息送出时间延时不大于 1s。

3.3　保护动作信息

3.3.1　保护动作报告要求

(1) 保护装置的保护动作报告应为中文简述，包括保护启动及动作过程中各相关元件动作行为、动作时序、故障相电压和电流幅值、功能压板投退状态、开关量变位状态、保护全部定值等信息。

(2) 线路保护的动作报告应包含选相相别、跳闸相别、故障测距结果、距离保护动作时的阻抗值（可选），宜包含后加速、测距结果等信息。纵联电流差动保护动作时还应输出保护动作时的故障相差动电流；纵联距离保护动作时还应输出收发信（允许式为发信）和动作信息；距离保护动作时还应区分接地距离或相间距离保护动作信息、各段距离信息。

(3) 变压器保护的动作报告应包含差动保护动作时的差动电流、制动电流（可选）、阻抗保护动作时的阻抗值（可选）、复压过流保护动作电流、间隙过流保护动作电流信息、零序过电压保护动作电压等信息。

(4) 母线保护的动作报告应包含差动保护应输出故障相别、跳闸支路（可选）、差动电流、制动电流（可选）；母联失灵保护还应输出母联电流、跳闸支路（可选）；失灵保护还应输出失灵启动支路（可选）、跳闸支路（可选）、失灵联跳等信息。

3.3.2 保护录波文件要求

电网故障时继电保护装置应形成录波文件，保护录波文件应符合如下要求：

（1）应包括启动时间、动作信息、故障前后的模拟量信息（含接入的电压、电流量）、开关量信息等。

（2）录波文件应按保护动作时间先后顺序排列。

（3）录波文件名称为"IED 名 _ 逻辑设备名 _ 故障序号 _ 故障时间 _ s（表示启动）/ _ f（表示故障）"。

（4）保护事件、动作时序、故障相电压和电流幅值、功能压板投退状态、开关量变位状态、保护全部定值等信息均应包含在 .hdr 文件当中。

3.4 告警信息

3.4.1 告警信息要求

（1）继电保护装置应提供反映健康状况的告警信息。

（2）继电保护装置告警信息应提供告警时间，如"××××年××月××日××时：××分：××秒.×××毫秒"。

3.4.2 硬件告警信息

继电保护装置提供的硬件告警信息应反映装置的硬件健康状况，且宜反映具体的告警硬件信息（如插件号、插件类型、插件名称等），包含以下内容：

（1）继电保护装置对装置模拟量输入采集回路进行自检的告警信息，如模拟量采集错等。

（2）继电保护装置对开关量输入回路进行自检的告警信息，如开入异常等。

（3）继电保护装置对开关量输出回路进行自检的告警信息。

（4）继电保护装置对存储器状况进行自检的告警信息，如 RAM 异常、FLASH 异常等。

3.4.3 软件告警信息

继电保护装置应提供装置软件运行状况的自检告警信息，如定值出错、各类软件自检错误信号。

3.4.4 继电保护装置内部自检信息

（1）继电保护装置应提供装置内部配置的自检告警信息。

（2）继电保护装置应提供内部通信状况的自检告警，如各插件之间的通信异常状况。

3.4.5　继电保护装置外部自检信息

（1）继电保护装置应提供装置间通信状况的自检告警信息，如载波通道异常、光纤通道异常、SV 通信异常状况、GOOSE 通信异常状况等。

（2）继电保护装置应提供外部回路的自检告警信息，如模拟量的异常信息（TA 断线、TV 断线等）、接入外部开关量的异常信息（跳闸位置异常、跳闸信号长期开入等）。

3.4.6　保护功能闭锁信息

（1）保护功能闭锁数据集信号状态采用正逻辑，"1"和"0"的定义统一规定如下：① "1"肯定所表述的功能；② "0"否定所表述的功能。

（2）保护功能闭锁数据集信号由保护功能状态数据集信号经本装置功能压板和功能控制字组合形成。任一保护功能失效，且功能压板和功能控制字投入，则对应的保护功能闭锁数据集信号状态置"1"，否则置"0"。

（3）保护功能闭锁数据集信号与保护功能状态数据集信号应满足规范要求。

3.5　在线监测信息

3.5.1　在线监测信息要求

（1）继电保护装置应提供当前运行状况监测信息，主要包括交流采样、定值区号、装置参数、保护定值、装置信息、装置运行时钟、开入及压板信息、内部状态监视等状态，见表 3-1。

表 3-1　　　　　　　　　　运行状况监测信息表

序号	监测类别	监测内容	数据集
1	交流采样	采样电流、电压幅值及差流值	dsRelayAin
2	定值区号	保护当前运行定值区号	dsSetGrpNum
3	装置参数	按照 Q/GDW 1161—2014《线路保护及辅助装置标准化设计规范》和 Q/GDW 1175—2013《变压器、高压并联电抗器和母线保护及辅助装置标准化设计规范》所规定的设备参数定值的名称和顺序	dsParameter
4	保护定值		dsSetting
5	装置信息	保护版本、对时方式、装置识别代码	
6	装置运行时钟	××××年××月××日××时：××分：××秒	
7	开入及压板信息	功能压板、开关量输入、检修压板等	dsRelayDin、dsRelayEna
8	内部状态监视	工作电压、装置温度、光强等	dsAin

（2）继电保护装置应能提供其通过模拟量输入回路或 SV 获取的系统电压和电流数据。交流采样应包含采样电流、电压幅值及差流值等。

（3）继电保护装置参数数据集应包含要求用户整定的设备参数定值。

（4） Q/GDW 1396—2012《IEC 61850 工程继电保护应用模型》规定的各定值区的保护定值和控制字应能正确上送。

3.5.2 继电保护装置宜监视的其他状态信息

（1）继电保护装置宜监视的其他状态信息包括过程层网口光强、智能终端及合并单元数据异常（丢帧、失步、无效）。

（2）合并单元宜监视的其他状态信息包括 DC/DC 工作电压、内部工作温度、过程层网口及对时网口光强、对时信号异常情况。

（3）智能终端宜监视的其他状态信息包括 DC/DC 工作电压、开关量输入电压、出口继电器工作电压、内部工作温度、过程层网口光强。

（4）过程层交换机宜监视的其他状态信息包括工作电压、内部工作温度、各端口光强、各端口报文流量、错误报文统计。

3.5.3 继电保护装置二次回路应监测的信息

（1）继电保护装置应监测以下当前状态：保护功能压板、GOOSE 软压板、SV 接收软压板、远方操作压板、开关量输入、继电保护装置检修压板、重合闸充电状态、装置自检状态、装置告警及闭锁接点状态。

（2）合并单元应监测以下当前状态：GOOSE 开关量输入状态、SV 输出状态、检修压板状态、装置自检状态、告警及闭锁接点状态。

（3）智能终端应监测以下当前状态：GOOSE 开关量输入输出状态、硬接点开关量输入输出、检修压板状态、装置自检状态、告警及闭锁接点状态。

（4）交换机应监测告警接点状态。

3.6 状态变位信息

3.6.1 继电保护装置信息监测要求

（1）继电保护装置状态变位信息包括保护遥信（dsRelayDin）、保护压板（dsRelay-Ena）、保护功能状态（dsRelayState）、装置运行状态（dsDeviceState）和远方操作保护功能投退（dsRelayFunEn）。

（2）继电保护装置应进行全过程的状态变位监视，输出变位信息。

3.6.2 继电保护装置功能状态信息

（1）继电保护装置功能状态数据集信号状态 "1" 和 "0" 的定义统一规定如下：① "1" 表示所表述的保护功能存在；② "0" 表示所表述的保护功能失去。

（2）继电保护装置输出的保护功能状态应与保护功能实际状态一致，具体如下：

1）继电保护装置故障或者外回路异常导致保护功能退出时，对应保护功能状态为 "0"。

2）继电保护装置功能相关的功能压板和功能控制字投退导致保护功能退出时，对应保护功能状态为"0"。

3）继电保护装置功能相关的全部 SV、GOOSE 接收压板退出时，对应保护功能状态为"0"。

4）检修不一致导致保护功能退出时，对应保护功能状态为"0"。

5）其他导致保护功能退出时，对应保护功能状态为"0"。

（3）继电保护装置允许重合闸时，重合闸功能状态置"1"，否则为"0"。

3.6.3 继电保护装置运行状态

继电保护装置应提供运行状态信号，运行状态信号应与继电保护装置面板显示灯一一对应。

3.6.4 远方操作保护功能投退状态

继电保护装置应提供远方操作保护软压板后相关保护功能投退信息。

（1）"1"表示所表述的保护功能压板投入且至少有一个相应保护功能控制字投入。

（2）"0"表示所表述的保护功能压板退出或相应保护功能控制字均退出。

3.7 中间节点信息

3.7.1 中间节点要求

（1）中间节点文件后缀为 .mid（中间文件）、.des（描述文件），传输方式采用 DL/T 1146—2009《DL/T 860 实施技术规范》的文件服务。保护动作信息应和该次故障的保护录波和中间节点信息关联。

（2）中间节点信息宜满足逻辑图展示要求，逻辑图宜与继电保护装置说明书逻辑图一致，以时间为线索，可清晰地再现故障过程中各保护功能元件的动作逻辑及先后顺序，并提供各保护元件的关键计算量作为动作依据。考虑到各厂家装置内部逻辑差异，各厂家应提供可嵌入调用的展示软件，与装置型号匹配。

（3）继电保护装置宜提供中间节点计算量信息，中间节点信息可选择提供电流、电压、阻抗、序分量、差动电流、制动电流等关键计算量，作为中间逻辑节点的辅助结果。

（4）继电保护装置的中间节点文件时序应与继电保护装置的录波文件时序保持一致。

3.7.2 中间节点信息的功能展示要求

（1）线路保护应包括启动元件，纵联距离保护元件，纵联零序方向元件，纵联差动，接地距离保护Ⅰ、Ⅱ、Ⅲ段，相间距离保护Ⅰ、Ⅱ、Ⅲ段，零序保护Ⅱ、Ⅲ段，零序反时限，过电压，过流过负荷，三相不一致，重合闸，充电状态，TV 断线，TA 断线等关键逻辑结果。

（2）变压器保护应包括纵差、零序差动（可选）、分侧差动、相间阻抗、接地阻抗、复压闭锁过流、零序过流、间隙过流、零序过压、反时限过励磁保护、TA 断线、过负荷等关键逻辑结果。

（3）母线保护应包括差动保护、母联失灵保护、断路器失灵保护、TA 断线等关键逻辑结果。

（4）断路器保护应包括失灵跟跳本断路器、失灵保护跳相邻断路器、充电过流保护、三相不一致保护、死区保护、重合闸、充电状态等关键逻辑结果。

（5）高压并联电抗器应包括差动速断、差动保护、匝间保护、零序过流保护、主电抗器过电流保护、中性点电抗器过电流保护等关键逻辑结果。

3.8　继电保护装置日志记录

继电保护装置日志要求如下：

（1）继电保护装置日志中应包含动作、告警和状态变位等信息。

（2）继电保护装置应掉电存储不少于 1000 条日志记录，超出装置记录容量时，应循环覆盖最早的日志记录。

（3）日志与通信无关，继电保护装置上电启动时，日志使能 LogEna 属性应自动设置为 True，触发条件 TrgOps 属性应默认数据变化触发（dchg）。

3.9　继电保护装置时标信息

3.9.1　继电保护装置信息时标格式

继电保护装置显示和打印的时标为本时区时间（24 小时制），格式应为：××××年××月××日××：××：××.×××。

3.9.2　继电保护装置信息时标原则

（1）继电保护装置显示、打印时标和上送监控的时标应保持一致，其中时标精确到毫秒，按四舍五入处理。

（2）继电保护装置的告警时标应为保护装置确认告警的时标。

（3）继电保护装置的状态变位类信息的时标应为消抖后时标。

（4）继电保护装置的保护动作信息的时标应通过保护启动时间、保护动作相对时间二者结合的方式来表现。

（5）保护启动时间为保护启动元件的动作时刻；保护动作相对时间为保护绝对动作时刻与保护启动时刻的差，宜以毫秒为单位。

（6）对于保护动作相对时间不能直接表征的，保护元件可用保护启动、保护动作两次动作报告来表征一次故障。

第2篇

线路部分

第4章

线路保护及辅助装置设计规范

4.1 配置原则

4.1.1 3/2断路器接线

4.1.1.1 线路、过电压及远方跳闸保护配置原则

（1）配置双重化的线路纵联保护，每套纵联保护应包含完整的主保护和后备保护；同杆双回线路应配置双重化的纵联差动保护。

【说明】

1）所谓主保护是对被保护范围内发生故障时能够以零时限快速动作的保护，而后备保护的主要作用一般是当主保护因故不能正常发挥作用时对被继电保护设备予以保护，同时，后备保护大多还兼有远后备的作用。

2）微机保护时代出现后，为了充分发挥微机处理能力强大的优势，继电保护装置大多采用了主后一体的结构形式，其好处是装置体积较小且接线简单，功能集成度高。但当微机保护出现异常或检修时，同一装置内的所有保护功能都将受到影响，为解决这个问题，提出了保护"双重化"的原则。

3）"六统一"原则制定之前有些继电保护装置未采用主后一体的装置结构，为防止因某种原因失去一套保护后造成剩下的保护功能不完整（缺少主保护或缺少后备保护），特提出"按双重化原则配置的保护，每套保护都包含完整的主保护、后备保护功能"的要求。

4）补充要求说明：由于目前光纤通道已经非常普及，差动原理在同杆线路具有纵联距离保护无法比拟的天然优势，因此凡是同杆线路，双重化时必须配置两套纵联差动保护，可以有效地提高可靠性。纵联距离保护可取消同塔双回功能逻辑。

（2）配置双重化的过电压及远方跳闸保护。远方跳闸保护应采用"一取一经就地判别"方式。

【说明】

所谓"一取一经就地判别"是指采用单一通道传输远方跳闸命令，在执行跳闸的一端采用就地判别装置进行把关，以防止远方跳闸保护因发端开入干扰、通道干扰以及收端开

入干扰而误动的形式。除"一取一经就地判别"外，还有"二取二不经就地判别"的远方跳闸方式，用两个通道同时传输远方跳闸命令，主要用来防止由于通道干扰造成远方跳闸保护误动。后者在使用载波通道是有一些效果，在使用数字通道时，由于数字通道本身产生能够使远方跳闸保护误动的可能性微乎其微，防误动的重点在防发端开入干扰和收端开入干扰上，所以这种方式使用较少。

另外，运行经验表明，模拟通道和有开入开出电气回路的数字通道，受各种电磁干扰和人为误操作的可能性不能完全排除。同时，就地判据能够在系统近区故障、异常和对侧断开时可靠动作。对于只经一级通道传输而言，在各种需要就地判据动作时均不会拒动。所以，为提高远方跳闸的安全性，简化回路设计，统一规范为"一取一经就地判别"方式。

4.1.1.2 断路器保护及操作箱（智能终端）配置原则

（1）断路器保护按断路器配置，常规变电站单套配置，智能变电站双套配置。断路器保护具有失灵保护、重合闸、充电过流（Ⅱ段过流＋Ⅰ段零序电流）、三相不一致和死区保护等功能。

【说明】

1）对于智能变电站断路器保护来说：由于站内其他保护都是双套配置，信号分别走双 GOOSE 网络，为了防止可能发生的单一的网络风暴影响另外一个健全的网络，Q/GDW 441—2010《智能变电站继电保护技术规范》要求两个网络间严禁数据交叉共享，所以断路器保护也必须双套配置。

2）对于常规保护来说：3/2断路器接线断路器保护按断路器单套配置。由于线路或变压器间隔相关的断路器有两个，一次设备具备供电的冗余性，弥补了断路器保护单配置的不足，当其中一台断路器继电保护装置因故退出运行时，被保护的断路器同步退出运行后，仍能保证线路或变压器的正常运行。

（2）常规变电站配置单套双跳闸线圈分相操作箱，智能变电站配置双套单相跳闸线圈分相智能终端。

4.1.1.3 短引线保护配置原则

配置双重化的短引线保护，每套保护应包含差动保护和过流保护。

4.1.2 双母线接线

线路保护、重合闸及操作箱（智能终端）配置原则如下：

（1）配置双重化的线路纵联保护，每套纵联保护包含完整的主保护、后备保护和重合闸功能。

（2）当系统需要配置过电压保护时，配置双重化的过电压及远方跳闸保护。远方跳闸保护应采用"一取一经就地判别"方式。

（3）常规变电站配置双套单相跳闸线圈分相操作箱或单套双跳闸线圈分相操作箱，智能变电站配置双套单相跳闸线圈分相智能终端。

【说明】

1）选用两套主后一体的继电保护装置，每套保护包含完整的主保护、后备保护以及重合闸功能。

2）两套继电保护装置之间，包括交流电流电压、直流电源、跳闸回路、通道和就地判据等应相互独立。

3）每套线路保护及辅助装置的跳闸回路均只作用于断路器的一个跳闸线圈。

4）220kV线路一般不会出现过电压，不配置过电压保护。当确有需要时，其配置和设计要求与3/2断路器接线相同。

4.2 技术原则

4.2.1 纵联距离保护技术原则

（1）继电保护装置中的零序功率方向元件应采用自产零序电压。纵联零序方向保护不应受零序电压大小的影响，在零序电压较低的情况下应保证方向元件的正确性。

【说明】

采用自产零序电压可以避免采取外接零序电压导致的以下问题：回路断线或被短接时无从监视，造成系统发生故障时保护不能正确动作；$3U_0$ 电压的极性正确与否和施工调试人员的水平有很大关系，一旦接错，大多只能靠事故暴露。

电网运行中曾发生过线路区内故障时，由于零序电压过低导致零序方向元件拒动的问题。线路故障时，线路保护装置感受到的综合零序电压是故障零序电压和不平衡零序电压的向量和。如果零序方向元件动作电压门槛很低，故障零序电压也很小，则综合零序电压和故障零序电压的相位差别会较大，容易造成零序方向元件不正确动作。所以，不宜过分降低零序方向元件的零序电压门槛，可采用如下几种方法：

1）补偿电压比相式。将母线的零序电压补偿到线路的某一点，例如线路中点，称为零序补偿电压 $3U_{0BC}$，采用零序补偿电压 $3U_{0BC}$ 与零序电流 $3I_0$ 比较相位来确定线路故障的方向。补偿电压计算公式为

$$3U_{0BC} = 3U_{0M} - 3I_0 \times 0.5 \times (3K+1)Z_{1L} \qquad (4-1)$$

正方向判别公式为

$$170° < \arg(3U_{0BC}/3I_0) < 330°$$

式中 $3U_{0BC}$——零序补偿电压；

$3U_{0M}$——母线零序电压；

Z_{1L}——线路全长的正序阻抗；

K——零序补偿系数，$K = (Z_0 - Z_{1L})/3Z_{1L}$，由此可推出 $Z_0 = (3K+1)Z_{1L}$，并假设正方向的角度范围为 $\pm 80°$。

2）零序电压比幅式。由于故障点的零序电压最高，所以线路正方向故障时，零序补偿电压要大于母线零序电压；反方向故障时，零序补偿电压要小于母线零序电压。所以，可以用比较补偿零序电压和母线零序电压幅值的方式来确定线路故障的方向。

正方向判别为

$$3U_{0M} - 3I_0 \times [M\% \times (3K+1)Z_{1L}] > 3U_{0M}$$

其中符号意义与式（4-1）中相同，零序补偿电压 $3U_{0BC}$ 补偿到线路全长的 $M\%$，$0 \leqslant M \leqslant 100$，对有互感的线路，$M$ 值要适当取小一些，同时还要增加抗互感的其他措施，例如利用不受互感影响的负序分量判据等。

3）故障相比相式。用故障相的相电压和零序电流比较相位来确定线路故障的正方向，采用此法的注意事项如下：

a. 故障相不能选错，一旦选错，会造成线路保护不正确动作。而采用零序方向元件，选相元件不能正确选相时，即单相故障错选为相间故障时，会导致单相故障三相跳闸。

b. 故障相电压与零序电流之间的相位关系随接地电阻的大小发生变化，不如零序电压和零序电流之间的相位稳定，其动作范围要充分考虑。

（2）在平行双回或多回有零序互感关联的线路发生接地故障时，应防止非故障线路零序方向保护误动作。

【说明】

在平行双回或多回有零序互感关联的线路发生接地故障时，非故障线路由于零序互感的原因产生纵向互感零序电势（即强磁弱电情况），如果故障点与非故障线路电气距离较远，故障点产生的横向零序电势不足以抵消互感零序电势的影响，则其综合作用与线路单相跳闸后非全相运行的情况类似，此时，非故障线路两侧的零序方向均为正方向，如零序电流大于用户的零序电流定值，则零序方向纵联保护将会误动，解决方法如下：

由于在线路换位对称的条件下，正、负序电流互感极小。同时，也只有在"强磁弱电"的条件下，非故障线路才可能误动。这两种情况下，负序电压、电流与零序电压、电流的比值均很小。而线路区内故障，负序电流或电压占有很大比重，所以，可以采用电流电压负序分量开放零序方向纵联保护的方式，来防止非故障线路零序方向保护误动作。采用此法以后，原来由于电压二次回路中性线连接不规范，存在的附加电压影响零序电压相位，从而导致零序方向元件误动的问题也同时得到极大的改善。例如，可以采用以下防止零序互感影响的措施：零序方向元件动作时允许对侧跳闸，允许式发信、闭锁式停信，收到对侧允许信号或对侧闭锁信号停信，满足用户零序电流动作定值，同时满足以下条件允许本侧跳闸：

1）单相故障。在故障点，$I_2 = I_0$，$U_2/U_0 = Z_2/Z_0 = 1/4 \sim 1/3$；在线路两侧，当 $I_2/I_0 < 1$ 时，$U_2/U_0 > Z_2/Z_0$，用 $3I_2 > 0.5 \times 3I_0$ 或 $3U_2 > 0.25 \times 3U_0$ 作为零序方向元件在单相故障时允许本侧跳闸的条件之一。

2）两相短路接地故障。在故障点，$U_2 = U_0$，$I_2/I_0 = Z_0/Z_2 = 2 \sim 3$；在线路两侧，当 $U_2/U_0 < 1$ 时，$I_2/I_0 < Z_0/Z_2$。所以，用 $3I_2 > 0.5 \times 3I_0$ 或 $3U_2 > 0.25 \times 3U_0$ 作为零序方向元件在单相故障时允许本侧跳闸的条件之一。

当选为两相故障时，也可以用相间阻抗动作，或按弱馈考虑，相间电压电流同时降低，作为允许两相短路接地故障时零序方向保护本侧动作的条件之一。

当 $3I_2 > 0.05 \times 3I_N$（二次值），且 $3I_2 > 120A$（一次值）、$3U_2 > 2V$（二次值）时，可

以以零序方向和负序方向同时动作允许对侧跳闸；也可以在满足其他条件时，以负序方向元件代替零序方向元件，单独判别方向。

以上方法，对"强磁弱电"的互感情况有效，但对于"强磁强电"的情况无效，例如双回线重负荷，其中一回非全相，非全相产生的零序、负序电流会分流到另一回健全线路，采用补偿零序电压来判方向的方法，可能两侧都是正方向，同时负序电流也很大，故不能采用有较大负序分量的方法来确定是否故障，此类情况，需要增加新的辅助判据，才能防止健全线路保护误动。

（3）纵联距离保护应具备弱馈功能，在正、负序阻抗过大，或两侧零序阻抗差别过大的情况下，允许纵联距离保护动作。

【说明】

根据 GB/T 14285—2006《继电保护和安全自动装置技术规程》的第 4.1.12.4 条"220kV 及以上电压线路的继电保护装置能适用于弱电源情况"，要求纵联距离（方向）保护应有弱馈功能。所谓"线路的弱馈侧"是指由于线路背侧电源过小，或由于线路两侧的分流系数差别过大，在线路故障时，造成本侧距离元件、方向元件或停信元件不满足动作的基本条件而拒动的一侧。标准化规范要求"线路的弱馈侧"要采取措施，保证在线路区内故障时，纵联保护能够动作，而"线路的弱馈侧"允许比强电源侧动得慢一些。

弱馈逻辑主要有以下方法：

1）对线路弱馈侧，在线路正方向故障时可能出现弱馈特征，而线路反方向故障则出现比强电侧更强的强电特征。所以，一般情况下，在线路近区故障时，反方向元件不动作就是正方向故障，即"非反即正"的原则。也有特殊情况：如弱馈侧无电源，在线路强电侧的背侧发生相间故障，线路两侧的阻抗方向元件都不能动作，此时，强电侧的阻抗方向元件就不满足"非反即正"的原则，对这些特殊情况，应当采取措施加以限制。

2）一侧为强电，另外一侧为弱电的情况下，弱电源侧保护的应投入弱馈功能，对于纵联闭锁式保护，强电侧弱馈功能一定不能投入，而纵联允许式保护，可以两侧同时投入弱馈功能，前提是必须由强电侧先发允许信号，而弱馈侧收到允许信号，并满足必要条件时才能发允许信号；当两侧皆为强电源时，若由于运行方式的变化，某侧可能会出现弱电源的运行方式，此时，该侧需要投入弱电源功能。

3）本线路区内故障时，由于线路两侧零序阻抗差别过大，导致两侧零序电流相差过大，在两侧零序方向元件均正确动作的条件下，由于一侧零序电流达不到动作定值造成纵联零序方向保护拒动称为零序弱馈，此时，可增设允许对侧跳闸而本侧不跳闸的"不完全允许信号"，等对侧跳闸以后，本侧零序电流超过用户的定值再跳闸。

弱馈逻辑还有很多安全措施细节，这里不再赘述。

4.2.2 纵联电流差动保护技术原则

（1）光纤差动保护重合于故障后固定联跳对侧；零序后加速固定不带方向。

【说明】

1）光纤差动保护重合于故障后固定联跳对侧是为了强调后跳侧不能再重合；为防止

重合闸后加速或手动后加速过程中，零序方向不确定，例如，新投线路电流电压极性接反，重合闸期间附近线路有接地故障或非全相状况，故零序后加速固定不带方向。

2）纵联电流差动保护两侧启动元件和本侧差动元件同时动作才允许差动保护出口。线路两侧的纵联电流差动保护装置均应设置本侧独立的电流启动元件，必要时可用交流电压量和跳闸位置触点等作为辅助启动元件，但应考虑 TV 断线时对辅助启动元件的影响，差动电流不能作为装置的启动元件。

（2）零差保护允许一侧电流元件电压元件均启动时勾对侧启动（注：任何情况下差流大于 800A 时纵差保护应动作）。

【说明】

1）纵联电流差动保护采用光纤通道，而光纤通道要求通道的收发传输时间一致才能同步，通道的收发传输时间不一致会形成差动电流。所以，只要差动电流满足动作条件就跳闸容易造成继电保护装置误动，TA 单侧断线也会形成差动电流，同时，单侧启动元件也会动作，为此，必须两侧启动元件均动作，才能允许差动保护跳闸。

2）本侧独立的电流启动元件包括电流突变量、零序分量，考虑到线路单侧充电备用的情况，三相跳位开入，也可以视为启动元件动作，一般情况，电流启动元件的灵敏度已经足够，特殊情况，主要是弱馈情况，如弱馈侧不接地、故障前无电流，发生接地或相间故障，本侧电流启动元件不能启动，此时，可以在出现差电流时以电压元件（相低电压、相间低电压、零序电压）作为辅助启动元件。TV 断线时，不考虑 TA 同时也断线，此时，单侧电流启动元件也可以允许差动元件动作。部分制造厂的光纤差动保护装置在有电流启动元件动作，又伴有电压的故障分量动作时，也视为启动元件动作，这种做法，实际上是排除了 TA 断线引起电流启动元件误动作的可能性，原则上也满足了规范的要求。

3）其他相关的说明：控制字中有"TA 断线闭锁差动"。如该控制字置"1"，表示无条件闭锁差动保护（按相闭锁）；如该控制字置"0"，表示有条件闭锁差动保护，即当差动电流大于 TA 断线后的差动电流定值时，差动保护仍可动作跳闸。实际上，不论"TA 断线闭锁差动"控制字置"1"还是置"0"，由于差动保护要两侧启动元件均动作才能跳闸，当 TA 断线后，一般仅单侧启动元件启动，差动保护不会立即动作。主要区别在于故障时，控制字置"0"时，有条件允许差动保护动作（两侧启动元件动作，差动电流大于 TA 断线后差动电流定值）。

4）在自定义定值中的"投电流补偿"控制字，其含义为：在差动电流的计算中考虑附加电流的影响（含电容电流、两侧的电抗器电流等）。

5）纵联电流差动保护两侧启动元件和本侧差动元件同时动作才允许差动保护出口可以保证两侧线路保护装置的动作行为一致。

6）补充要求说明：零差保护允许利用对侧电气量启动。纵差保护若利用对侧电气量启动本侧保护能提高高阻接地时的动作速度和灵敏度。另外，任何故障情况下差流大于 800A 并且大于用户定值时纵联电流差动保护应动作。

（3）线路两侧纵联电流差动保护装置应互相传输可供用户整定的通道识别码，并对通道识别码进行校验，校验出错时告警并闭锁差动保护。

【说明】

1) 主要是防止同一光通信设备传输多套保护信号时，光纤通道硬件开通错误，而通过负荷电流校验光纤通道连接情况时，差动电流不能检测出通道开通是否正确。例如：同塔双回线路，两回线路均采用光纤通道时，一回线路和另一回线路的光纤通道如果交叉开通，带负荷试验是难于发现问题的。

2) 对于纵联保护而言，通道是保护的重要组成部分之一，通道的好坏，对纵联保护能否在被保护线路发生故障时实现全线速动，起至关重要的作用，尤其线路纵联纵联差动保护，对通道质量的依赖程度更大。因此，必须要保证通道的正确性和完好性。

(4) 纵联电流差动保护装置应具有通道监视功能，如实时记录并累计丢帧、错误帧等通道状态数据，具备通道故障告警功能，在本套装置双通道交叉、通道断链等通道异常状况时两侧均应发相应告警报文并闭锁纵联差动保护。

【说明】

1) 目的是总结光纤差动保护的运行经验，统计光纤通道运行情况，特别是光纤差动保护不工作的时间。例如：一般要求光纤差动保护不工作时间不大于 2s/24h，防止通道监视的死区。一般光纤差动保护装置，监视光纤通道告警的标准总是严于差动保护的闭锁标准，差动保护的通道监视长期不告警，并不表示光纤通道没有问题，而线路发生故障时差动保护却可能因通道问题而闭锁，这就是通道监视的死区。防止通道监视死区的方式，就是由差动保护动态记录某一时间段的通道误码、丢帧的统计数据，通过对统计数据的分析来发现通道的问题。

2) 通道是纵联保护的一个组成部分，通道出现异常，如误码率增高，丢帧、时延变化、抖动等未被发现，在发生故障时可能会导致保护的不正确动作。加强对通道的监视及异常记录，对预防和分析保护事故有很好的作用。

(5) 纵联电流差动保护装置宜具有监视光纤接口、接收信号强度功能。

【说明】

该内容是在总结以往光纤差动保护的运行经验基础上增加的，目的是通过装置接收和发送光信号的强度，分析出目前光纤通道的运行状况，判断是否已经进入疲劳状态。

对于利用光纤作为传输通道的纵联保护，光纤接口的健康水平一直是个"盲点"，对发送和接收光信号的电平缺少监视。加强对发送和接收光信号的电平的监视，有利于对光信号发送、传输、接收环节健康状态的评估，对实现继电保护装置的状态检修、提高继电保护装置的运行水平提供有效的手段。

(6) 纵联电流差动保护在任何弱馈情况下应正确动作。

【说明】

如果被保护线路的一侧为弱电源或无电源，弱电源侧保护正方向发生线路故障时，流过弱电源侧保护的电流可能很小，装置无法启动，为此，装置需要设有专门的弱馈启动功能。

弱馈侧收到对侧启动信号后，满足特定条件时，弱馈侧保护将被拉入故障处理程序，允许强电源侧保护动作，本侧也能跳闸。

（7）纵联电流差动保护两侧差动保护压板不一致时发告警信号；线路差动保护控制字及软压板投入状态下，差动保护因其他原因退出后，两侧均应有相关告警。

【说明】

1）该内容是在总结以往光纤差动保护的运行经验基础上增加的，目的是通过两侧装置自校验功能，有效地避免由于人为因素可能引起的全线主保护拒动问题。

2）线路保护一侧检修不一致导致主保护退出，部分厂家对侧保护没有任何告警信息。统一此种情况的处理方式有利于运行维护管理。

（8）"TA 断线闭锁差动"控制字投入后，纵联电流差动保护只闭锁断线相。

【补充】

1）220kV 及以上保护 TA 二次回路断线的处理原则为：保护判别 TA 二次回路断线只考虑单一性故障。

但不考虑以下情况：

a. 主保护不考虑 TA、TV 二次回路断线同时出现。

b. 一次元件无流时 TA 二次回路断线。

c. 一次设备三相电流对称情况下 TA 二次回路中性线断线。

d. 两相、三相 TA 二次回路断线。

e. 多个元件同时发生 TA 二次回路断线。

f. TA 二次回路断线和一次故障同时出现。

2）220kV 及以上线路保护 TA 二次回路断线的处理方式见表 4－1。

表 4－1　　　　　　　　　　线路保护 TA 二次回路断线的处理方式

保 护 元 件		处 理 方 式
零序保护	零序反时限保护	闭锁零序反时限
	零序Ⅱ段保护	闭锁零序Ⅱ段
	零序Ⅲ段保护	闭锁零序Ⅲ段
后备距离保护	距离Ⅱ段保护	不闭锁距离Ⅱ段
	距离Ⅲ段保护	不闭锁距离Ⅲ段
三相不一致零负序电流元件		闭锁零负序电流元件
就地判据	零负序电流门槛	闭锁
	低功率因数	不作统一处理
	低电流	不处理
	低有功	不作统一处理
纵联差动保护	控制字投入	闭锁分相差、零差
	控制字退出	闭锁零差，分相差抬高断线相定值且延时 150ms 动作
	跳闸	两侧延时 150ms 三相跳闸，闭重

续表

保 护 元 件		处 理 方 式
非断线侧告警		长期有差流、对侧 TA 断线
纵联距离保护	纵联零序	闭锁纵联零序保护、纵联距离（即断线侧强制判为反方向），由另一套保护完成选相跳闸
	纵联距离	
	跳闸	
差流越限告警后		TA 断线导致的差流越限，处理同 TA 断线。其他情况不作要求
TA 断线逻辑		自动复归
TA 断线后分相差定值		固定定值（非自定义定值）
快速距离及距离Ⅰ段保护		闭锁快速距离/工频变化量距离、距离Ⅰ段

【说明】

非"六统一"装置该逻辑各厂家处理方式不一致，部分厂家 TA 断线后闭锁断线相，部分厂家闭锁三相，其他厂家前两种方式可选。为了简化定值，同时能最大化保留装置有效判别功能，此处统一该逻辑。

（9）集成过电压远跳功能的线路保护，保留远跳功能。

【说明】

由于某些情况下仍然会使用以前的远跳功能，为了保持兼容性，仍然保留这一功能。

4.2.3　相间及接地距离保护技术原则

（1）除常规距离保护Ⅰ段外，为快速切除中长线路出口短路故障，应有反映近端故障的保护功能。

【说明】

GB/T 14285—2006《继电保护和安全自动装置技术规程》的第 4.6.2.3 条、第4.6.2.4 条要求：为快速切除中长线路出口短路故障，在保护配置中宜有专门反映近端相间故障和接地故障的辅助保护功能。反映近端故障的保护功能通常采用快速距离Ⅰ段，允许欠范围动作，不允许超范围动作，由于强调快速动作，所以精度不高，对超短线路（一般为 5km 以下）和采用 P 类 TA 的双断路器线路（如 220kV 角形接线）宜停用。装置也可内部设置超短线路常规距离Ⅰ段保护、快速距离Ⅰ段保护的自动退出的最小定值。如果由用户整定计算确定，则可以根据制造厂提供的最小精确工作电流和电压来计算。

（2）用于串补线路及其相邻线路的距离保护应有防止距离保护Ⅰ段拒动和误动的措施。

【说明】

串补线路及其相邻线路的主保护主要是线路纵联保护，距离保护Ⅰ段如不采取措施容易拒动和误动。

1）装有串补电容线路的串补电容侧（如串补电容装在线路的一侧），在串补电容线路侧故障时防止拒动：利用常规距离保护、突变量距离 I 段保护的暂态动作特性，正方向故障时，暂态动作特性（包括原点以下部分区域）一般情况不会拒动；特殊情况，在线路背侧感性阻抗很小时，暂态特性圆也小，距离 I 段保护可能拒动。

2）本线路背侧的相邻线路装有串补电容，在串补电容线路侧故障，本线路距离 I 段保护防止误动：利用常规距离 I 段保护的正、反方向暂态动作特性，电抗线与反方向暂态特性动作范围无公共区，与正方向暂态特性动作范围重叠的特点来判别，为了在转换性故障中更准确地判别区内外故障，设置暂态记忆时间不同的 2 个距离 I 段保护阻抗继电器，电抗线动作，两个 2 个记忆时间不同的距离 I 段保护阻抗继电器同时动作判为区内故障；其他情况，如电抗线动作、2 个暂态距离 I 段保护不同时动作，或电抗线不动作、2 个暂态距离 I 段保护动作等均为反方向故障。

3）装有串补电容线路的无串补电容侧（如串补电容装在线路的一侧），如距离 I 段按线路 80% 的电抗值整定，在线路对侧串补电容母线侧故障，或在线路对侧相邻线路的串补电容线路侧故障，本侧距离 I 段防误动一般动作方程为

$$Z_{DZ} \leqslant Z_{SET} - \frac{\sum U_{CBH}}{\sqrt{2}\,I_K} \qquad (4-2)$$

式中　Z_{DZ}——动作阻抗；

$\quad\ \ Z_{SET}$——整定阻抗；

$\quad\ \ U_{CBH}$——本线路和相邻线路串补电容击穿的保护电压；

$\quad\ \ I_K$——故障时的短路电流。

（3）为解决中长线路躲负荷阻抗和灵敏度要求之间的矛盾，距离保护应采取防止线路过负荷导致保护误动的措施。

【说明】

1）线路过负荷情况下，负荷阻抗减小，当负荷阻抗进入距离保护动作区时，保护误动作。一般采取在阻抗平面设置负荷限制线，防止距离保护过负荷情况下误动作，但是负荷限制线需要人为整定，为了可靠躲避负荷阻抗，该定值设置较小，减小距离保护动作区，严重影响高阻接地故障时距离保护的灵敏度。在事故过负荷情况下，负荷限制线仍无法阻止距离保护误动作。基于此，提出了基于电压平面的过负荷与故障识别方法，该方法具有以下特点：

a. 电压平面上，利用相间电压 $U\cos\varphi$ 可以识别相间故障与线路过负荷，相间故障时，$U\cos\varphi < 0.05$p. u.（以线电压为基准）；线路过负荷时，$U\cos\varphi > 0.707$p. u.，二者差异显著。

b. 电压平面上，利用以故障相为基准的正序补偿电压相位与故障相补偿电压相位可以识别单相接地故障与过负荷，单相接地故障时，以故障相为基准的正序补偿电压相位超前于故障相补偿电压相位；线路过负荷时，二者相位相同。

c. 过负荷与故障识别判据与距离保护二者之间的动作逻辑采取"与"门，过负荷情况下，闭锁距离保护；故障时，开放距离保护，可有效阻止过负荷情况下距离保护误动作。

d. 基于电压平面的故障与线路过负荷识别判据不影响阻抗平面上距离保护动作区，对于圆动作特性距离保护，负荷限制线可以取消；对于四边形动作特性距离保护，负荷限制线作为动作区边界，不宜取消，但是负荷限制线整定无需考虑线路过负荷影响，提高了距离保护在高阻故障情况下的灵敏度。

2) 非全相运行期间距离保护的后加速问题。原有继电保护装置的定值清单中，距离保护在非全相中有许多用户可选项。目前，各厂家振荡闭锁元件均做得较好，可以在系统振荡再故障时可靠开放。同时非全相中健全相再故障的可能性小，所以重点要强调距离保护的安全性，不过分强调距离保护的动作速度，非全相运行期间的距离保护宜装置内部固定、不经用户选择，健全相的距离保护按原时限投入运行，不加速，重合闸动作以后再加速。

a. 投入健全相经振荡闭锁的相间、接地距离超范围段与通道构成纵联保护。

b. 投入健全相经振荡闭锁的相间、接地距离Ⅰ段和Ⅱ段保护。

4.2.4 零序电流保护技术原则

(1) 零序电流保护应设置二段定时限（零序电流Ⅱ段和Ⅲ段保护），零序电流Ⅱ段保护固定带方向，零序电流Ⅲ段保护方向可投退。TV断线后，零序电流Ⅱ段保护退出，零序电流Ⅲ段退出方向。

【说明】

1) 零序电流保护应设置二段定时限（零序电流Ⅱ段和Ⅲ段），其中零序电流Ⅱ段保护带方向，零序电流Ⅲ段保护不带方向；TV断线后退出零序电流Ⅱ段保护，"TV断线零序电流定值"可起到保护作用。

2) 在系统发生连续故障导致系统零序阻抗变化较大时，零序电流Ⅰ段保护容易误动，所以，取消零序电流Ⅰ段保护，由相间、接地距离Ⅰ段保护替代；零序电流定时限第二段保护（即零序电流Ⅲ段保护）为零序电流保护最末一段保护，虽然线路高阻接地故障主要由线路纵联保护切除，但零序电流定时限第二段保护的电流定值也要确保对高阻接地故障有足够的灵敏度，作为接地故障的总后备；考虑由零序电流最末一段保护动作时，有可能是远端故障，此时，保护安装处的零序电压可能很小，如果零序方向元件不是无电压死区的方向元件，方向元件可能拒动，所以，零序电流Ⅱ段保护不宜带方向。对于某些地区，如果零序方向元件无电压死区，零序电流最末一段保护配合复杂且要求严格时，为改善配合关系，零序电流最末一段保护也可以带方向。

(2) 零序电流保护可选配一段零序反时限过流保护，方向可投退，TV断线后自动改为不带方向的零序反时限过流保护。

(3) 应设置不大于100ms短延时的后加速零序电流保护，在手动合闸或自动重合时投入使用。

【说明】

1) 继电保护装置单独设置一段后加速零序电流保护，并辅以其他措施，作为手动合闸和重合闸加速共用。

2）手动合闸需要躲过断路器三相合闸不同期所产生的零序电流，所以，手动加速零序电流保护一般带小于 100ms 的延时。

3）由于线路两侧单相重合闸时间可能不一致，先合闸侧保护感受的零序电流不一定是重合于永久故障的故障电流，而是线路非全相由负荷电流产生的零序电流。所以，重合闸加速零序电流保护不能只靠延时躲过，重合闸的先合侧必须采取专门措施，防止非全相零序电流导致重合闸加速保护误动。

（4）线路非全相运行时的零序电流保护不考虑健全相再发生高阻接地故障的情况，当线路非全相运行时，自动将零序电流保护最末一段动作时间缩短 0.5s 并取消方向元件，作为线路非全相运行时不对称故障的总后备保护，取消线路非全相时投入运行的零序电流保护的其他段。

【说明】

对原有非全相的零序电流保护做了较大的简化，取消了非全相期间由用户选择的零序电流不灵敏段，不考虑健全相再发生高阻接地故障的情况。非全相运行期间健全相再故障时，主要由纵联距离保护和距离保护切除故障，仅保留压缩 0.5s（且最短 0.5s）时限并取消方向的零序电流最末一段保护，作为线路非全相运行时不对称故障或异常运行的总后备保护，压缩 0.5s（且最短 0.5s）的作用，主要是该线路再发生故障（如主保护拒动）时，让该线路的零序电流保护先动作，以求得与相邻线路的配合。

（5）零序电流保护反时限特性采用 IEC 标准反时限特性限曲线，即

$$t(3I_0) = \frac{0.14}{\left(\frac{3I_0}{I_P}\right)^{0.02} - 1} \times T_P \qquad (4-3)$$

式中　$t(3I_0)$——零序反时限计算时间；

$\quad\quad I_P$——电流基准值，对应"零序反时限电流"定值；

$\quad\quad T_P$——时间常数，对应"零序反时限时间"定值。

（6）零序反时限计算时间 $t(3I_0)$、零序反时限最小动作时间 T_0 和零序反时限配合时间的关系见图 4-1。

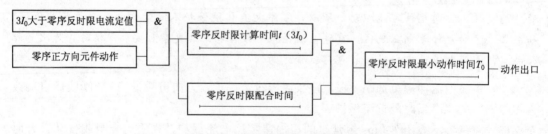

图 4-1　零序电流反时限逻辑图

【说明】

1）零序电流反时限保护应作为后备保护用，零序电流反时限保护作为接地距离Ⅲ段保护的补充，零序电流反时限保护配合时间应该为接地距离Ⅲ段保护＋级差，接地距离Ⅲ

段保护外为高阻接地，才启动零序反时限保护。此方案不要求大电流下快速动作。零序反时限保护配合时间也可以整定为 0，此时，零序电流的动作时间就是反时限的计算时间加零序反时限最小时间 T_0。

2）零序反时限最小时间 T_0 是为了跟下一级保护相配合，保证下一级故障时，能够优先下一级的速断保护出口，有可能起到防止保护误动作的作用。比如：当反时限即将到达 $t(3I_0)$ 时，下一级发生区内故障，由于有了最小时间 T_0（一般可以取 0.15s），保证下一级能够先切除故障；如果系统扰动引起零序反时限启动，当计时达到出口时间附近，下一级线路发生故障时，若没有此最小时间，零序电流反时限保护可能误动作。

3）对于重载线路，应进行单相重合闸的非全相过程中零序反时限特性校核，以防止在重合闸过程中零序保护抢先跳三相。

（7）零序反时限电流保护启动时间超过 90s 应发告警信号，并重新启动计时。零序反时限电流保护启动元件返回时，告警复归。

【说明】

以前各厂家处理情况不统一，告警以后对反时限保护有的闭锁、有的不闭锁，此处进行了统一规定。国内电力系统中目前还没有 90s 仍不动作的故障，90s 零序电流不能超过 300A，所以设置为 90s 告警；之后将计算时间 $t(3I_0)$ 作清零处理，并重新开始计时，允许反时限保护动作。

4.2.5 自动重合闸技术原则

（1）当重合闸不使用同期电压时，同期电压 TV 断线不应告警。

（2）检同期重合闸采用的线路电压应是自适应的，用户可选择任意相间电压或相电压。

（3）不设置"重合闸方式转换开关"，自动重合闸仅设置"停用重合闸"功能压板，重合闸方式通过控制字实现，见表 4-2。

表 4-2   重 合 闸 方 式

序号	重合闸方式	控制字	备 注
1	单相重合闸	0，1	单相跳闸单相重合闸方式
2	三相重合闸	0，1	含有条件的特殊重合闸方式
3	禁止重合闸	0，1	禁止本装置重合闸，不沟通三相跳闸
4	停用重合闸	0，1	闭锁重合闸，并沟通三相跳闸

（4）单相重合闸、三相重合闸、禁止重合闸和停用重合闸有且只能有一项置"1"，如不满足此要求，继电保护装置应告警并按停用重合闸处理。

【说明】

1）不设置综合重合闸方式，只设置单相重合闸和三相重合闸（含有条件三相重合闸）。三相重合闸的含义是"有条件三相重合闸"，一般做法是单相故障三相跳闸三相重合闸，相间故障通过控制字选择三相跳闸不重合；而传统的三相重合闸含义是任何故障三相跳闸三相重合闸。

2）重合闸方式只受控制字控制，避免了与重合闸转换开关位置冲突。组屏设计时不设置"重合闸方式"转换开关，避免了重合闸把手置于停用位置是否放电的不同做法。

3）停用重合闸可由控制字控制，也可由软压板控制，或由屏上的硬压板控制，三者之间为"或门"关系。

4）禁止重合闸控制字置"1"与屏上重合闸出口压板"断开"类似，两者为"或门"关系。

4.2.6　3/2 断路器接线的断路器失灵保护技术原则

在安全可靠的前提下，简化失灵保护的动作逻辑和整定计算。

(1) 设置线路保护三个分相跳闸开入，变压器、发变组、线路高压并联电抗器等共用一个三相跳闸开入。

(2) 设置可整定的相电流元件，零序、负序电流元件，三相跳闸开入设置低功率因数元件。正常运行时，三相电压均低于门槛值时开放低功率因数元件。TV 断线后，退出与电压有关的判据。继电保护装置内部设置跳开相"有无电流"的电流判别元件，其电流门槛值为继电保护装置的最小精确工作电流（$0.04I_N \sim 0.06I_N$），作为判别分相操作的断路器单相失灵的基本条件。

【说明】

1）设置线路保护跳闸的三个分相开入，变压器、线路保护（永跳）共用一个三相跳闸开入。三相跳闸开入是一个启动失灵、不启动重合闸的开入，在变压器保护三相跳闸或重合于故障线路、线路保护输出永跳（闭重）令时开入。

2）3/2 接线的断路器电流不等于变压器电流，所以，相电流元件按有灵敏度整定，不能按照双母接线形式躲过变压器负荷电流整定，零序、负序电流元件按躲过正常运行的不平衡电流整定，判别有无电流的相电流元件，电流动作值固定为继电保护装置的二次最小精确工作电流（$0.05I_N$），低功率因数角一般整定为 $70° \sim 80°$。

失灵判别具体逻辑如下：

a. 线路失灵判据。三个分相跳闸之一开入，"相电流元件""零序、负序电流元件"为"与门"逻辑判别，以提高非全相运行时电流判别的安全性。

b. 线路两个及以上分相跳闸同时开入，或一个三相跳闸开入，同时任一相相电流元件动作，且任一相低功率因数元件动作，或伴随带展宽的电流突变量，作为三相故障三相失灵判据；零序、负序电流元件动作，作为不对称故障失灵的判据。一般情况，对于分相操作的断路器，不考虑三相故障三相失灵；如断路器采用三相操作，应考虑三相故障三相失灵的情况。

3）3/2 接线的断路器保护中设有分相和三相瞬时跟跳逻辑，可以通过控制字"跟跳本断路器"来控制。瞬时跟跳的作用是通过不同的跳闸路径增加跳闸成功的可靠性，减小跳闸失败的可能性。跟跳应视为失灵保护的一部分，可以采用失灵保护逻辑的瞬时段作为跟跳回路的动作条件。

a. 如控制字"跟跳本断路器"置"1",则表示使用瞬时跟跳功能。因为瞬时跟跳和延时跟跳走的回路一样,所以,不需再使用延时跟跳功能。延时跟跳的时间无需与失灵跳相邻断路器时间配合,断路器的"失灵三相跳闸本断路器时间"与"失灵跳相邻断路器时间"就可以整定为一致,以缩短失灵保护跳相邻断路器的动作时间。

b. 如控制字"跟跳本断路器"置"0",则表示不使用瞬时跟跳功能,此时,可以使用延时跟跳的功能。延时跟跳的时间可以通过"失灵三相跳闸本断路器时间"来整定,不受控制字"跟跳本断路器"的控制。

4) 失灵保护不设功能投/退压板。

5) 断路器保护屏(柜)上不设失灵开入投/退压板,需投/退线路保护的失灵启动回路时,通过投/退线路保护屏(柜)上各自的启动失灵压板实现。

【说明】

失灵保护的投停可以通过控制字控制,断路器和断路器保护运行时,一般不应退出失灵保护。

如某一启动失灵的线路、变压器继电保护装置停运,常规变电站可以通过线路、变压器保护屏上的失灵启动压板退出启动回路;智能变电站需要同时退出断路器保护,并注意此时重合闸也要一并退出。

6) 三相不一致保护如需增加零序、负序电流闭锁,其定值可和失灵保护的零序、负序电流定值相同,均按躲过最大不平衡电流整定。

【说明】

由于三相不一致保护和失灵保护的零负序电流定值均整定得很灵敏,整定原则一致,所以可采用相同定值。装置中没有专门的三相不一致保护零负序电流定值,且设有"三相不一致保护经零负序电流闭锁"控制字,如控制字置"1",非全相保护将经失灵保护的零负序电流定值闭锁。

由于失灵保护误动作后果较严重,且3/2断路器接线的失灵保护无电压闭锁,根据具体情况,对于线路保护分相跳闸开入和变压器、发变组、线路高压并联电抗器三相跳闸开入,应采取措施,防止由于开关量输入异常导致失灵保护误启动,失灵保护应采用不同的启动方式:①任一分相跳闸触点开入后,经电流突变量或零序电流启动并展宽后启失灵;②三相跳闸触点开入后,不经电流突变量或零序电流启动失灵。

【说明】

对重要的开入,采用软件防误措施是必要的,所以分相跳闸启动失灵应经启动元件闭锁。但变压器、发电机内部轻微匝间故障时,外部电流反映是很轻微的,所以,三相跳闸启动失灵未经启动元件闭锁,变压器启动失灵的判别和防误开入靠后续的失灵判别逻辑回路来完成。

针对不同的故障点,不同的断路器拒动,失灵保护的基本要求如下:

a. 出线(主变)故障,中断路器拒动,失灵启动联跳该串另一侧边断路器,同时启动联跳主变其他侧(或者同时启动远跳线路对侧)。

b. 出线(主变)故障,边断路器拒动,失灵启动联跳拒动边断路器所在母线全部断路器。

c. 母线故障，其中一台断路器拒动，失灵启动后联跳该串中断路器，同时启动联跳主变其他侧（或者同时启动远跳线路对侧）。

7）失灵保护动作经母线保护出口时，应在母线保护装置中设置灵敏的、不需整定的电流元件并带 50ms 的固定延时。

【说明】

对重要的直跳开入，采用软件防误措施是非常必要的。具体方法是：在有直跳开入时，需经 50ms 的固定延时确认。同时，还必须伴随灵敏的、不需整定的、经展宽延时的电流故障分量启动元件动作。

4.2.7　远方跳闸保护技术原则

远方跳闸保护的就地判据应反映一次系统故障、异常运行状态，应简单可靠、便于整定，宜采用如下判据：①零序、负序电流；②零序、负序电压；③电流变化量；④低电流；⑤分相低功率因数（当电流小于精工电流或电压小于门槛值时，开放该相低功率因数元件）；⑥分相低有功。

远方跳闸保护应采用"一取一"经就地判别方式；TV 断线后，远方跳闸保护闭锁与电压有关的判据。

【补充】

远跳就地判据如下：

（1）电流突变量展宽延时应大于远跳经故障判据时间的整定值，远跳开入收回后能快速返回。

（2）远跳不经故障判别时间控制字投入时，开入闭锁远跳时间应大于远跳不经故障判据时间的整定值。

（3）远跳不经故障判别时间控制字退出时，开入闭锁远跳时间应大于远跳经故障判据时间的整定值。

【说明】

1）为确保收到远跳命令后，满足条件时就地判据能可靠开放，当线路电流小于精工电流时，开放低功率因数判据。此时如果远方跳闸令误开入，继电保护装置将会误动，但由于负荷很小，误动对系统影响小。如果线路电流小于精工电流时，不开放就地判据，则对于线路上安装了高压并联电抗器的情况，本侧电抗器故障远跳对侧断路器时，由于高压并联电抗器电感电流对线路充电电容电流的补偿度通常为 50%～80%，两者抵消后对侧远方跳闸保护感受到的容性电流很小，可能导致就地判别逻辑拒动。

2）可以作为就地故障判别元件启动量的有反映故障和异常的故障分量（如零负序电流、零序电压）和反映对侧断开的低有功、低电流、低功率因数（在不满足低功率计算的电流、电压幅值门槛时，就地判据开放）等。就地故障判别元件应保证对其所保护的相邻线路或电力设备故障有足够的灵敏度。

3）整定原则。反映对侧分相断路器断开的分相低电流、分相低有功、分相低功率因数必须投入，以保证至少在对侧断路器任一相跳开以后，本侧断路器能够动作。其他就地判据主要是故障分量判据，判别系统发生近区故障，可视具体情况选用。采用故障分量判据，在某些情况下，收到对侧远跳令时，本侧故障分量判别元件早已启动，不需要等到对侧断路器跳开，本侧断路器立即可以跳闸。

4）就地判据只是一个远方跳闸令的闭锁元件，主要防止正常运行时的远跳信号的误开入，所以应确保灵敏度，允许经常启动，但应避免长期开放。

5）TV 断线时，与电压有关的判别元件，如低有功、零负序电压、低功率因数宜退出，不开放，但分相低电流元件仍可起到判对侧断路器任一相断开的作用，也能开放就地判据。大部分故障情况下，纯电流判据也能动作；特殊情况下，本套继电保护装置灵敏度可能不足，但另一套正常运行的远跳装置可以动作。

6）电流突变量展宽延时主要用于失灵和电抗器故障，故障切除后应靠低功率开放。标准中整定延时范围是 $0\sim10\mathrm{s}$，$4\mathrm{s}$ 开入闭锁时间包不住，要长于不经就地判据的长延时，固定为"$2\mathrm{s}+$远跳整定延时"可以解决此问题。

4.2.8 过电压保护逻辑图

过电压保护逻辑见图 4-2。

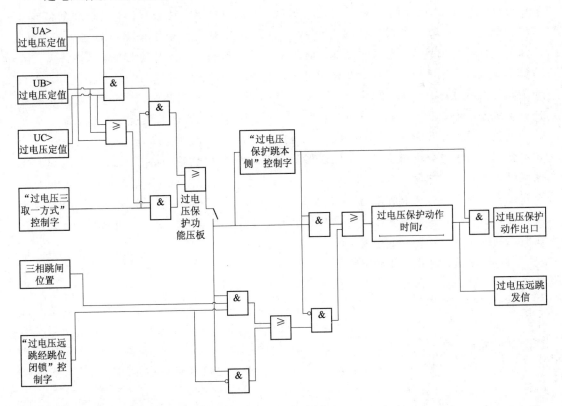

图 4-2 过电压保护逻辑图

【注】

（1）"过电压保护"功能压板退出时，过电压保护不出口跳闸，不远跳对侧。

（2）"过电压保护跳本侧"控制字为 1：当过电压元件满足时，"过电压保护动作时间"开始计时，延时满足后，过压保护出口跳本侧，同时不经跳位闭锁直接向对侧发过电压远跳信号。

（3）"过电压保护跳本侧"控制字为 0：当"过电压元件"和"三相跳闸位置"均满足要求时，"过电压保护动作时间"开始计时，延时满足后，过压保护不跳本侧，仅向对侧发过电压远跳信号。但是，是否经本侧跳位闭锁发信由"过电压远跳经跳位闭锁"控制字整定。

【说明】

（1）本保护不针对操作过电压、暂态过电压，主要针对长线路本侧断路器三相跳闸后，线路对地电容充电功率造成的工频稳态过电压。对有些线路而言，即使本侧断路器不跳闸，背侧断路器跳闸也会造成本侧过电压。

（2）TV 二次回路问题：如中性点因故偏移，可能造成一相过电压，所以，采用三个单相过电压"或门"判据容易误动作，应采取防止 TV 二次回路故障的措施。

（3）特殊情况，3/2 接线形式的线路，如一个断路器检修，另一个断路器单相偷跳，可能造成单相过电压。如一次系统对过电压的承受能力较强，过电压保护的动作判据可以采用三个单相电压"与门"的判别方式，由 TWJ 不对应启动重合闸，如重合不成功，三相不一致保护跳闸以后仍然过电压，再远跳对侧。如一次系统对过电压承受能力差，要求过电压时较快地跳闸，则过电压保护可采用三个单相过电压"或门"的判据，由于三相和单相过电压对一次设备绝缘损坏是一样的，所以，GB/T 14285—2006《继电保护和安全自动装置技术规程》的 4.7.6 要求："根据一次系统过电压要求装设过电压保护，保护的整定值和跳闸方式由一次系统确定"。2008 年 8 月 20—22 日在北京召开的标准化规范实施技术原则审查会明确要求：过电压保护装置设置"过电压三取一"控制字，根据一次系统的要求选择"三取一"或"三取三"方式。对 750kV 以下的线路，绝缘裕度相对较大，过电压的允许时间相对较长，过电压判据宜采用三个单相电压"与门"的判别方式，可让单相断路器偷跳产生的过电压转化为三相过电压后再跳闸。当检测到三相均过电压时，判为线路过电压。

（4）对绝缘裕度小的 1000kV 特高压线路，采用本侧跳闸快速远跳对侧的方式防止过电压的产生，不仅仅依赖于过电压保护装置。

（5）过电压保护一般装于两侧，而测量补偿到对侧的过电压误差大，所以只测量本侧保护安装处的电压。过电压保护动作后，为避免单侧跳闸造成过电压，宜同时跳两侧断路器。即跳本侧断路器的同时，通过发送远方跳闸信号跳线路对侧断路器。"发远方跳闸信号可选择是否经本侧断路器分相跳闸位置闭锁"，指的是经本侧断路器三相跳闸位置串联闭锁。

（6）图 4-2 的过电压保护逻辑中，过压保护远跳经跳位闭锁逻辑最终驱动了过电压保护出口，修改为不驱动过电压保护出口。修订后的过电压保护逻辑图见图 4-3。

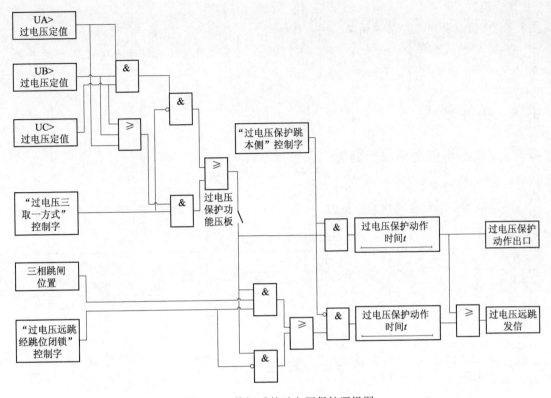

图 4 - 3   修订后的过电压保护逻辑图

4.2.9   短引线保护技术原则

3/2 断路器接线，当线路或元件退出运行时，应有选择地切除该间隔两组断路器之间的故障。

【说明】

当线路或元件退出运行，而该串断路器仍可连接运行时，需投入短引线保护。智能变电站只设功能软压板；常规变电站为软硬压板串联，可长期把硬压板投入。为了避免因隔离开关位置不可靠而引起的拒动问题，保护去掉了之前由元件隔离开关辅助触点自动投/退的回路。

4.2.10   其他技术原则

（1）线路保护发送端的远方跳闸和远传信号经 20ms（不含消抖时间）延时确认后，发送信号给接收端。

（2）双通道线路保护应按装置设置通道识别码，继电保护装置自动区分不同通道，不区分主、备通道；单相跳闸失败三相跳闸的时间应为 150ms；TV 断线闭锁逻辑返回延时应不大于 2s。

【说明】

1）之前该时间各厂家不相同，统一该时间为 150ms。

2）TV 断线返回后统一动作时间，可以防止闭锁时间过短或过长而导致保护的不正确动作。另外振荡中保护不应误判 TV 断线。

4.3　功能要求

4.3.1　线路纵联距离保护装置

4.3.1.1　保护功能配置

线路纵联距离保护功能配置见表 4-3。

表 4-3　　　　　　　　　　线路纵联距离保护功能配置表

类　别		序号	基础型号功能	代码	备　注
基础型号	基础型号代码	1	2M 双光纤通道	A	不考虑 64kB 通道
		2	光纤通道和载波通道	F	载波通道为接点允许式
		3	接点方式	Z	
	必配功能	4	纵联距离保护		适用于同杆双回线路
		5	纵联零序保护		
		6	接地和相间距离保护		3 段
		7	零序过流保护		2 段
		8	重合闸		
类　别		序号	选配功能	代码	
选配功能		1	零序反时限过流保护	R	
		2	三相不一致保护	P	
		3	过流过负荷功能	L	适用于电缆线路
		4	电铁、钢厂等冲击性负荷	D	
		5	过电压及远方跳闸保护	Y	
		6	3/2 断路器接线	K	不选时，为双母线接线；选择时，为 3/2 断路器接线、取消重合闸功能和三相不一致选配功能

注　1. 智能站保护装置应集成过电压及远方跳闸保护。

　　2. 常规站基础型号功能代码为 A（2M 双光纤通道保护）的保护装置宜集成过电压及远方跳闸保护，基础型号功能代码为 F（光纤通道和载波通道）和 Z（接点方式）的保护装置不集成过电压及远方跳闸保护。

　　3. 3/2 断路器接线含桥接线、角形接线。

【补充】

常规采样的线路保护（含常规跳闸和 GOOSE 跳闸）增加一个新的选配型号（K）采用双 TA 接入保护（备注：在 3/2 接线情况下，发生区外故障后 TA 饱和，正常传变电流大于 5ms 时，继电保护装置不应误动）。

【说明】

表 4-3 中选配功能第 6 项 3/2 断路器接线功能的 "K" 代码同样适用于常规变电站。不选时，为双母线接线，表示单 TA 接入方式；选择时，为 3/2 断路器接线、取消重合闸功能和三相不一致选配功能，表示双 TA 接入方式。

4.3.1.2 模拟量输入

1. 常规变电站交流回路

(1) 第一组电流 I_{a1}、I_{b1}、I_{c1}、$3I_{01}$，第二组电流 I_{a2}、I_{b2}、I_{c2}、$3I_{02}$。

(2) 电压 U_a、U_b、U_c、U_x。

【注】

1）当继电保护装置只有一组交流电流输入时，无第二组电流相关内容。

2）U_x 适用于双母线接线。

2. 智能变电站交流回路

(1) 第一组电流 I_{a1}、I_{a2}、I_{b1}、I_{b2}、I_{c1}、I_{c2}，第二组电流 I_{a1}、I_{a2}、I_{b1}、I_{b2}、I_{c1}、I_{c2}。

(2) 电压 U_{a1}、U_{a2}、U_{b1}、U_{b2}、U_{c1}、U_{c2}、U_{x1}、U_{x2}。

【注】

1）智能变电站为双 AD 采样输入。

2）当继电保护装置只有一组交流电流输入时，第二组电流不接。

3）U_{x1}、U_{x2} 适用于双母线接线。

【说明】

智能化装置（常规采样）的交流回路同常规变电站交流回路。

4.3.1.3 开关量输入

1. 常规变电站开关量输入

(1) 纵联保护硬压板（适用于主保护投入方式一，可选）。

(2) 光纤通道一硬压板（适用于主保护投入方式一，可选）。

(3) 光纤通道二硬压板（适用于主保护投入方式一，可选）。

(4) 载波通道硬压板（适用于光纤通道和载波通道，并且主保护投入采用方式一，可选）。

(5) 通道一纵联保护硬压板（适用于主保护投入方式二，可选）。

(6) 通道二纵联保护硬压板（适用于主保护投入方式二，可选）。

(7) 光纤纵联保护硬压板（适用于光纤通道和载波通道，并且主保护投入采用方式二，可选）。

(8) 载波纵联保护硬压板（适用于光纤通道和载波通道，并且主保护投入采用方式二，可选）。

(9) 距离保护硬压板。

(10) 零序过流保护硬压板。

（11）停用重合闸硬压板（适用于集成重合闸功能，可选）。

（12）过电压保护硬压板（适用于集成过电压及远方跳闸保护，可选）。

（13）远方跳闸保护硬压板（适用于集成过电压及远方跳闸保护，可选）。

（14）A 相收信（可选）。

（15）B 相收信（可选）。

（16）C 相收信（可选）。

（17）解除闭锁。

（18）通道试验按钮。

（19）通道异常告警（如 3dB 或载波机告警）。

（20）远传 1（适用于光纤通道）。

（21）远传 2（适用于光纤通道）。

（22）其他保护动作。

（23）闭锁重合闸（适用于集成重合闸功能，可选）。

（24）低气压闭锁重合闸（断路器未储能闭锁重合闸、适用于集成重合闸功能，可选）。

（25）分相跳闸位置 TWJa、TWJb、TWJc（对于 3/2 断路器接线形式，应为两台断路器 TWJ 按相串联触点）。

（26）远方操作硬压板。

（27）保护检修状态硬压板。

（28）信号复归。

（29）启动打印（可选）。

【注】

1）接点方式，主保护投入采用（1）项。

2）主保护投入方式有两种：方式一，配置一套主保护逻辑，同时对应两个（光纤通道一、光纤通道二）或三个（光纤通道一、光纤通道二、载波通道）通道，分别设置主保护及各通道的投退压板；方式二，配置两套主保护逻辑，与双通道一一对应，分别设置通道一主保护、通道二主保护投退压板。

3）2M 双光纤通道，主保护投入方式可采用第（1）～第（3）项或第（5）项、第（6）项。

4）光纤通道和载波通道，主保护投入方式可采用第（1）～第（4）项或第（7）项、第（8）项。

5）第（20）～第（22）项受纵联保护功能硬压板、软压板和控制字控制。

6）第（11）项和第（23）项可共用开入。

7）第（20）项，集成过电压及远跳功能，固定通过"远传 1"开入传输信号。

【说明】

远传 1、远传 2 和其他保护动作的功能逻辑见图 4-4。

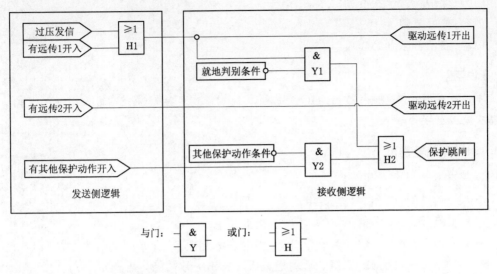

图 4-4 功能逻辑图

2. 智能变电站 GOOSE 输入

（1）边断路器分相跳闸位置 TWJa、TWJb、TWJc。

（2）中断路器分相跳闸位置 TWJa、TWJb、TWJc。

（3）远传 1（适用于光纤通道）。

（4）远传 2（适用于光纤通道）。

（5）其他保护动作。

（6）闭锁重合闸（适用于集成重合闸功能，可选）。

（7）低气压闭锁重合闸（断路器未储能闭锁重合闸、适用于集成重合闸功能，可选）。

【注】

1）用于双母线接线时，无第（2）项，第（1）项改为断路器分相跳闸位置 TWJa、TWJb、TWJc。

2）第（3）项，集成过电压及远跳功能，固定通过"远传 1"开入传输信号。

3. 智能变电站开关量输入

（1）A 相收信。

（2）B 相收信（可选）。

（3）C 相收信（可选）。

（4）解除闭锁。

（5）通道试验按钮。

（6）通道异常告警（如 3dB 或载波机告警）。

（7）远跳收信（适用于载波通道并集成过电压及远方跳闸保护，可选）。

（8）远跳通道故障（适用于载波通道并集成过电压及远方跳闸保护，可选）。

（9）远方操作投/退。

（10）保护检修状态投/退。

（11）信号复归。

（12）启动打印（可选）。

【说明】

智能化装置（常规采样）的 GOOSE 输入同智能变电站 GOOSE 输入，开关量输入同智能变电站开关量输入。

4.3.1.4　开关量输出

1. 常规变电站保护跳闸出口

（1）分相跳闸（6 组＋1 组备用）。

（2）永跳 [2 组，若有第（3）项时、无此项]。

（3）闭锁重合闸 [2 组，若有第（2）项时、无此项]。

（4）三相不一致跳闸（2 组，适用于集成三相不一致功能，可选）。

（5）重合闸（2 组，适用于集成重合闸功能，可选）。

（6）发信或分相发信（2 组）。

（7）远传 1 开出（2 组，适用于光纤通道）。

（8）远传 2 开出（2 组，适用于光纤通道）。

【注】

1）第（7）项、第（8）项适用于数字式光纤通道。

2）第（7）项，集成过电压及远跳功能，固定通过"远传 1"开入传输信号。

2. 常规变电站信号触点输出

（1）保护动作（3 组：1 组保持，2 组不保持）。

（2）重合闸动作（3 组：1 组保持，2 组不保持，适用于集成重合闸功能，可选）。

（3）通道一告警（适用于光纤通道，至少 1 组不保持）。

（4）通道二告警（适用于光纤通道，至少 1 组不保持）。

（5）通道故障（载波通道或光纤通道一、通道二告警触点串联，至少 1 组不保持，可选）。

（6）运行异常（含 TV、TA 断线等，至少 1 组不保持）。

（7）装置故障告警（至少 1 组不保持）。

（8）电流过负荷告警（适用于集成过流过负荷功能，至少 1 组不保持）。

3. 智能变电站 GOOSE 保护出口

（1）分相跳闸。

（2）分相启动失灵（3/2 断路器接线时，同时启动重合闸）。

（3）永跳 [若有第（4）项时、无此项]。

（4）闭锁重合闸 [若有第（3）项时、无此项]。

（5）三相不一致跳闸（适用于集成三相不一致功能，可选）。

（6）重合闸（适用于集成重合闸功能，可选）。

4. 智能变电站 GOOSE 信号输出

（1）远传 1 开出。

（2）远传 2 开出。

（3）过电压远跳发信。

（4）保护动作。

（5）通道一告警。

（6）通道二告警。

（7）通道故障。

（8）电流过负荷告警。

5. 智能变电站信号触点输出

（1）发信或分相发信。

（2）过电压远跳发信（适用于载波通道并集成过电压及远方跳闸保护，可选）。

（3）运行异常（含 TV、TA 断线等，至少 1 组不保持）。

（4）装置故障告警（至少 1 组不保持）。

【说明】

1）继电保护装置信号触点按变电站计算机监控系统和故障录波的要求设计。遵循"重要信号以硬触点形式上送，充分利用网络软报文"的原则简化继电保护装置信号，从而达到简化二次回路的目的。

2）保持信号：发信号以后需要按复归按钮才能复归、失去直流以后信号不丢失的信号。为便于事故分析，跳闸信号应为磁保持触点。

3）非保持信号：异常动作量不消失时信号保持，异常量消失信号返回的信号。对于告警信号，一般采用不保持触点（非磁保持触点）。

4）继电保护装置的跳闸信号和告警信号均应接入计算机监控系统；仅保护跳闸、合闸信号启动故障录波。与监控系统接口时，要求监控系统能接受不保持信号并做好记录，不丢失信息。

5）2008 年 8 月 20—22 日在北京召开的标准化规范实施技术原则审查会明确要求：至少具备 1 组不保持触点。

6）智能化装置（常规采样）的 GOOSE 保护出口同智能变电站 GOOSE 保护出口，GOOSE 信号输出同智能变电站 GOOSE 信号输出，信号触点输出同智能变电站信号触点输出。

4.3.2 线路纵联电流差动保护装置

4.3.2.1 保护功能配置

线路纵联电流差动保护功能配置见表 4-4。

表 4 – 4　　　　　　　　　　　　线路纵联电流差动保护功能配置表

类　别		序号	基础型号功能	代码	备　注
基础型号	基础型号代码	1	2M 双光纤通道	A	不考虑 64kB 通道
		2	2M 双光纤串补线路	C	
	必配功能	3	纵联电流差动保护		适用于同杆双回线路
		4	接地和相间距离保护		3 段
		5	零序过流保护		2 段
		6	重合闸		
类　别		序号	选配功能	代码	
选配功能		1	零序反时限过流保护	R	
		2	三相不一致保护	P	
		3	过流过负荷功能	L	适用于电缆线路
		4	电铁、钢厂等冲击性负荷	D	
		5	过电压及远方跳闸保护	Y	
		6	3/2 断路器接线	K	不选时，为双母线接线；选择时，为 3/2 断路器接线、取消重合闸功能和三相不一致选配功能

注　1. 智能变电站继电保护装置应集成过电压及远方跳闸保护。

　　2. 常规变电站 A 型（2M 双光纤通道）和 C 型（2M 双光纤串补线路）继电保护装置宜集成过电压及远方跳闸保护。

　　3. 3/2 断路器接线含桥接线、角形接线。

【补充】

常规采样的线路保护（含常规跳闸和 GOOSE 跳闸）增加一个新的选配型号（K）采用双 TA 接入保护（备注：在 3/2 接线情况下，发生区外故障后 TA 饱和，正常传变电流大于 5ms 时，继电保护装置不应误动）。

【说明】

表 4-4 中选配功能第 6 项 3/2 断路器接线功能的 "K" 代码同样适用于常规站。不选时，为双母线接线，表示单 TA 接入方式；选择时，为 3/2 断路器接线、取消重合闸功能和三相不一致选配功能，表示双 TA 接入方式。

4.3.2.2　模拟量输入

1. 常规变电站交流回路

（1）第一组电流 I_{a1}、I_{b1}、I_{c1}、$3I_{01}$，第二组电流 I_{a2}、I_{b2}、I_{c2}、$3I_{02}$。

（2）电压 U_a、U_b、U_c、U_x。

【说明】

1）当继电保护装置只有一组交流电流输入时，无第二组电流相关内容。

2）U_x 适用于双母线接线。

2. 智能变电站交流回路

(1) 第一组电流 I_{a1}、I_{a2}、I_{b1}、I_{b2}、I_{c1}、I_{c2}，第二组电流 I_{a1}、I_{a2}、I_{b1}、I_{b2}、I_{c1}、I_{c2}。

(2) 电压 U_{a1}、U_{a2}、U_{b1}、U_{b2}、U_{c1}、U_{c2}、U_{x1}、U_{x2}。

【说明】

1) 智能变电站为双 AD 采样输入。

2) 当继电保护装置只有一组交流电流输入时，第二组电流不接。

3) U_{x1} 和 U_{x2} 适用于双母线接线。

【补充】

智能化装置（常规采样）的交流回路同常规变电站交流回路。

4.3.2.3 开关量输入

1. 常规变电站开关量输入

(1) 纵联差动保护硬压板（适用于主保护投入方式一，可选）。

(2) 光纤通道一硬压板（适用于主保护投入方式一，可选）。

(3) 光纤通道二硬压板（适用于主保护投入方式一，可选）。

(4) 通道一差动保护硬压板（适用于主保护投入方式二，可选）。

(5) 通道二差动保护硬压板（适用于主保护投入方式二，可选）。

(6) 距离保护硬压板。

(7) 零序过流保护硬压板。

(8) 停用重合闸硬压板（适用于集成重合闸功能，可选）。

(9) 过电压保护硬压板（适用于集成过电压及远方跳闸保护，可选）。

(10) 远方跳闸保护硬压板（适用于集成过电压及远方跳闸保护，可选）。

(11) 远传 1。

(12) 远传 2。

(13) 其他保护动作。

(14) 闭锁重合闸（适用于集成重合闸功能，可选）。

(15) 低气压闭锁重合闸（断路器未储能闭锁重合闸，适用于集成重合闸功能，可选）。

(16) 分相跳闸位置 TWJa、TWJb、TWJc（对于 3/2 断路器接线，应为两台断路器 TWJ 按相串联触点）。

(17) 远方操作硬压板。

(18) 保护检修状态硬压板。

(19) 信号复归。

(20) 启动打印（可选）。

【注】

1) 主保护投入方式有两种：方式一，配置一套主保护逻辑，同时对应两个（光纤通道一、光纤通道二）或三个（光纤通道一、光纤通道二、载波通道）通道，分别设置主保护及各通道的投退压板；方式二，配置两套主保护逻辑，与双通道一一对应，分别设置通道一主保护、通道二主保护投退压板。

2）第（11）～第（13）项纵联保护功能硬压板、软压板和控制字控制。

3）第（8）项与第（14）项可共用开入。

4）第（11）项，集成过电压及远跳功能，固定通过"远传1"开入传输信号。

【补充】

光纤差动保护压板及控制字设置：光纤通道一、光纤通道二，共计2个压板；纵联差动保护、双通道方式（"1"为双通道方式，"0"为单通道方式，固定为光纤通道一），共计2位控制字。通道压板投入时，对应通道出现异常，告警并上送报文。通道压板退出时，对应通道只上送报文，不告警。

【说明】

要求继电保护装置的外部操作要统一，压板和控制字的个数和含义相同；如果整定为单通道方式，外部应该固定接光纤通道一。

2. 智能变电站 GOOSE 输入

（1）边断路器分相跳闸位置 TWJa、TWJb、TWJc。

（2）中断路器分相跳闸位置 TWJa、TWJb、TWJc。

（3）远传1。

（4）远传2。

（5）其他保护动作。

（6）闭锁重合闸（适用于集成重合闸功能，可选）。

（7）低气压闭锁重合闸（断路器未储能闭锁重合闸、适用于集成重合闸功能，可选）。

【注】

1）用于双母线接线时，无第（2）项，第（1）项应为"断路器分相跳闸位置 TWJa、TWJb、TWJc"。

2）第（3）项，集成过电压及远跳功能，固定通过"远传1"开入传输信号。

3. 智能变电站开关量输入

（1）远方操作投/退。

（2）保护检修状态投/退。

（3）信号复归。

（4）启动打印（可选）。

【说明】

1）3/2断路器保护的重合闸取消了先合、后合的有关开入和复杂的逻辑，采用了最简单的方式，只设置了一个可整定的重合闸时间。实际使用时，对于一条线路的两个断路器，可以整定为不同的延时。例如：边断路器重合闸时间整定为1s，中断路器重合闸时间整定为1.5s，两个断路器均投入运行时，线路发生单相故障，边断路器以1s的时间重合闸。边断路器检修、中断路器运行时，线路发生单相故障，中断路器以 1.5s 的时间重合闸，相当于线路非全相运行时间由 1s 增加到 1.5s，不影响系统的稳定运行。

2）智能化装置（常规采样）的 GOOSE 输入同智能变电站 GOOSE 输入，开关量输入同智能变电站开关量输入。

4.3.2.4 开关量输出

1. 常规变电站保护跳闸出口

(1) 分相跳闸（6 组＋1 组备用）。

(2) 永跳［2 组，若有第（3）项时、无此项］。

(3) 闭锁重合闸［2 组，若有第（2）项时、无此项］。

(4) 三相不一致跳闸（2 组，适用于集成三相不一致功能，可选）。

(5) 重合闸（2 组，适用于集成重合闸功能，可选）。

(6) 远传 1 开出（2 组）。

(7) 远传 2 开出（2 组）。

2. 常规变电站信号触点输出

(1) 保护动作（3 组：1 组保持，2 组不保持）。

(2) 重合闸动作（3 组：1 组保持，2 组不保持，适用于集成重合闸功能，可选）。

(3) 通道一告警（适用于光纤通道，至少 1 组不保持）。

(4) 通道二告警（适用于光纤通道，至少 1 组不保持）。

(5) 通道故障（通道一、通道二告警触点串联，至少 1 组不保持，可选）。

(6) 运行异常（含 TV、TA 断线，差流异常等，至少 1 组不保持）。

(7) 装置故障告警（至少 1 组不保持）。

(8) 电流过负荷告警（适用于集成过流过负荷功能，至少 1 组不保持）。

3. 智能变电站 GOOSE 保护出口

(1) 分相跳闸。

(2) 分相启动失灵（3/2 断路器接线时，同时启动重合闸）。

(3) 永跳［若有第（4）项时、无此项］。

(4) 闭锁重合闸［若有第（3）项时、无此项］。

(5) 三相不一致跳闸（适用于集成三相不一致功能，可选）。

(6) 重合闸（适用于集成重合闸功能，可选）。

4. 智能变电站 GOOSE 信号输出

(1) 远传 1 开出。

(2) 远传 2 开出。

(3) 过电压远跳发信。

(4) 保护动作。

(5) 通道一告警。

(6) 通道二告警。

(7) 通道故障。

(8) 电流过负荷告警。

5. 智能变电站信号触点输出

(1) 运行异常（含 TV、TA 断线等，至少 1 组不保持）。

(2) 装置故障告警（至少 1 组不保持）。

【说明】

智能化装置（常规采样）的 GOOSE 保护出口同智能变电站 GOOSE 保护出口，GOOSE 信号输出同智能变电站 GOOSE 信号输出，信号触点输出同智能变电站信号触点输出。

4.3.3　3/2 断路器接线断路器保护装置

4.3.3.1　保护功能配置

3/2 断路器保护功能配置见表 4-5。

表 4-5　3/2 断路器保护功能配置表

类　别	序号	基础型号功能	段　数	备　注
基础型号功能	1	失灵保护		
	2	充电过流保护	2 段过流、1 段零序电流	
	3	死区保护		
	4	重合闸		
	5	三相不一致保护		
类　别	序号	基础型号	代　码	备　注
基础型号	1	断路器保护	A	

4.3.3.2　模拟量输入

1. 常规变电站交流回路

(1) I_a、I_b、I_c、$3I_0$（可选）。

(2) U_a、U_b、U_c、U_x。

2. 智能变电站交流回路

(1) I_{a1}、I_{a2}、I_{b1}、I_{b2}、I_{c1}、I_{c2}。

(2) U_{a1}、U_{a2}、U_{b1}、U_{b2}、U_{c1}、U_{c2}、U_{x1}、U_{x2}。

【注】

智能变电站为双 AD 采样输入。

【说明】

智能化装置（常规采样）的交流回路同常规变电站交流回路。

4.3.3.3　开关量输入

1. 常规变电站开关量输入

(1) 充电过流保护硬压板。

(2) 停用重合闸硬压板。

(3) 分相跳闸位置 TWJa、TWJb、TWJc。

(4) 保护跳闸输入 T_a、T_b、T_c（启动失灵启动重合闸）。

(5) 保护三相跳闸输入（启动失灵闭锁重合闸）。

(6) 闭锁重合闸。

(7) 低气压闭锁重合闸（断路器未储能闭锁重合闸）。

(8) 远方操作硬压板。

(9) 保护检修状态硬压板。

(10) 信号复归。

(11) 启动打印（可选）。

【注】

第（2）项与第（6）项可共用开入。

2. 智能变电站 GOOSE 输入

(1) 分相跳闸位置 TWJa、TWJb、TWJc。

(2) 保护 1 跳闸输入 T_a、T_b、T_c（启动失灵启动重合闸）。

(3) 保护 2 跳闸输入 T_a、T_b、T_c（启动失灵启动重合闸）。

(4) 保护三相跳闸输入（启动失灵闭锁重合闸）。

(5) 闭锁重合闸。

(6) 低气压闭锁重合闸（断路器未储能闭锁重合闸）。

3. 智能变电站开关量输入

(1) 远方操作投/退。

(2) 保护检修状态投/退。

(3) 信号复归。

(4) 启动打印（可选）。

【说明】

智能化装置（常规采样）的 GOOSE 输入同智能变电站 GOOSE 输入，开关量输入同智能变电站开关量输入。

4.3.3.4　开关量输出

1. 常规变电站保护跳闸出口

(1) 分相跳闸（2 组）。

(2) 重合闸（2 组）。

(3) 失灵保护出口（10 组＋2 组备用）。

2. 常规变电站信号触点输出

(1) 保护动作（3 组：1 组保持，2 组不保持）。

(2) 重合闸动作（3 组：1 组保持，2 组不保持）。

(3) 运行异常（含 TV、TA 断线等，至少 1 组保持）。

(4) 装置故障告警（至少 1 组不保持）。

3. 智能变电站 GOOSE 保护出口

(1) 分相跳闸。

（2）永跳［若有第（3）项时、无此项］。

（3）闭锁重合闸［若有第（2）项时、无此项］。

（4）重合闸。

（5）失灵保护出口。

4. 智能变电站 GOOSE 信号输出

保护动作。

5. 智能变电站信号触点输出

（1）运行异常（含 TV、TA 断线等，至少 1 组不保持）。

（2）装置故障告警（至少 1 组不保持）。

【说明】

智能化装置（常规采样）的 GOOSE 保护出口同上述智能变电站 GOOSE 保护出口，GOOSE 信号输出同上述智能变电站 GOOSE 信号输出，信号触点输出同上述智能变电站信号触点输出。

4.3.4　过电压及远方跳闸保护装置（适用于常规变电站）

4.3.4.1　保护功能配置

过电压及远方跳闸保护功能配置见表 4-6。

表 4-6　　　　　　　　　　过电压及远方跳闸保护功能配置表

类　别	序号	基础型号功能	段　数	备　注
基础型号功能	1	收信直跳就地判据及跳闸逻辑		
	2	过电压跳闸及发信		启动远方跳闸
类　别	序号	基础型号	代　码	备　注
基础型号	1	过电压及远方跳闸保护	A	

4.3.4.2　模拟量输入

（1）电流 I_a、I_b、I_c、$3I_0$（可选）。

（2）电压 U_a、U_b、U_c。

4.3.4.3　开关量输入

（1）过电压保护硬压板。

（2）远方跳闸保护硬压板。

（3）三相跳闸位置。

（4）通道收信。

（5）通道故障。

（6）远方操作硬压板。

（7）保护检修状态硬压板。

（8）信号复归。

（9）启动打印（可选）。

4.3.4.4　开关量输出

1. 保护跳闸出口

(1) 保护跳闸（4 组）。

(2) 过电压远跳发信（4 组）。

2. 信号触点输出

(1) 保护动作（3 组：1 组保持，2 组不保持）。

(2) 运行异常（至少 1 组不保持）。

(3) 装置故障告警（至少 1 组不保持）。

4.3.5　短引线保护装置

4.3.5.1　保护功能配置表

短引线保护功能配置表见表 4 - 7。

表 4 - 7　　　　　　　　　　　短引线保护功能配置表

类　　别	序号	基础型号功能	段　　数	备　　注
基础型号功能	1	比率差动保护		
	2	过流保护	2 段	
类　　别	序号	基础型号	代　　码	备　　注
基础型号	1	短引线保护	A	

4.3.5.2　模拟量输入

(1) 常规变电站交流回路：第一组电流 I_{a1}、I_{b1}、I_{c1}，第二组电流 I_{a2}、I_{b2}、I_{c2}。

(2) 智能变电站交流回路：第一组电流 I_{a1}、I_{a2}、I_{b1}、I_{b2}、I_{c1}、I_{c2}，第二组电流 I_{a1}、I_{a2}、I_{b1}、I_{b2}、I_{c1}、I_{c2}。

【注】

智能变电站为双 AD 采样输入。

【说明】

智能化装置（常规采样）的交流回路同常规变电站交流回路。

4.3.5.3　开关量输入

1. 常规变电站开关量输入

(1) 短引线保护硬压板（短引线保护采用功能压板投退，不采用隔离开关位置投退）。

(2) 远方操作硬压板。

(3) 保护检修状态硬压板。

(4) 信号复归。

(5) 启动打印（可选）。

2. 智能变电站 GOOSE 输入

无。

3. 智能变电站开关量输入

（1）远方操作投/退。

（2）保护检修状态投/退。

（3）信号复归。

（4）启动打印（可选）。

【说明】

智能化装置（常规采样）的 GOOSE 输入同智能变电站 GOOSE 输入，开关量输入同智能变电站开关量输入。

4.3.5.4　开关量输出

1. 常规变电站保护跳闸出口

保护跳闸（4组＋2组备用）。

2. 常规变电站信号触点输出

（1）保护动作（3组：1组保持，2组不保持）。

（2）运行异常（至少1组不保持）。

（3）装置故障告警（至少1组不保持）。

3. 智能变电站 GOOSE 保护出口

保护跳闸。

4. 智能变电站 GOOSE 信号输出

保护动作。

5. 智能变电站信号触点输出

（1）运行异常（含 TV、TA 断线等，至少1组不保持）。

（2）装置故障告警（至少1组不保持）。

【说明】

智能化装置（常规采样）的 GOOSE 保护出口同智能变电站 GOOSE 保护出口，GOOSE 信号输出同智能变电站 GOOSE 信号输出，信号触点输出同智能变电站信号触点输出。

4.3.6　操作箱及电压切换箱

（1）在满足断路器本体具备防跳功能、有两副压力闭锁触点条件下，双重化配置的两套继电保护装置可配置各自独立的操作及电压切换箱（单相跳闸回路，单合闸回路）。

每套操作及电压切换箱应具备以下回路：

1）与测控配合。

2）手合、手跳。

3）至合闸线圈。

4）至跳闸线圈。

5）与保护配合的断路器位置、发/停信、闭锁重合闸触点等。

6）保护分相跳闸。

7）保护三相跳闸输入（启动失灵、启动重合闸）。

8）保护三相跳闸输入（启动失灵、不启动重合闸）。

9）保护三相跳闸输入（不启动失灵、不启动重合闸）。

10）压力闭锁回路。

11）防跳回路。

12）分相跳闸及合闸位置监视回路。

13）跳合闸信号回路。

14）控制回路断线、电源消失等。

15）交流电压切换回路。

16）备用中间继电器。

17）直流电源监视。

（2）双重化配置的两套继电保护装置仅配置一套操作箱（双跳闸回路，单合闸回路）。
操作及电压切换箱应具备以下回路：

1）与测控配合。

2）手合、手跳。

3）至合闸线圈。

4）至第一组跳闸线圈。

5）至第二组跳闸线圈。

6）与两套保护配合的断路器位置、发/停信、闭锁重合闸触点等。

7）保护分相跳闸（2组）。

8）保护三相跳闸输入（2组：启动失灵、启动重合闸）。

9）保护三相跳闸输入（2组：启动失灵、不启动重合闸）。

10）保护三相跳闸输入（2组：不启动失灵、不启动重合闸）。

11）压力闭锁回路。

12）防跳回路。

13）分相跳闸及合闸位置监视回路（2组）。

14）跳合闸信号回路。

15）控制回路断线、电源消失等。

16）交流电压切换回路。

17）备用中间继电器。

18）直流电源监视。

第5章

线路保护组屏设计规范及相关设备要求

5.1 常规变电站组屏（柜）方案

5.1.1 3/2断路器接线

5.1.1.1 线路、过电压及远方跳闸保护组屏（柜）方案

（1）线路保护1屏（柜）：主保护、后备保护1+（过电压及远方跳闸保护1）。

（2）线路保护2屏（柜）：主保护、后备保护2+（过电压及远方跳闸保护2）。

【注】

括号内的功能可根据电网具体情况选配。

5.1.1.2 断路器保护及短引线保护组屏（柜）方案

（1）断路器保护屏（柜）：断路器保护装置1台+分相操作箱或断路器操作继电器接口。

（2）短引线保护屏（柜）：短引线保护装置4台，按串集中组屏（柜），不分散布置在断路器保护柜中。

【说明】

两回出线的短引线保护集中组柜，分别布置左右两侧端子排。对于出线无隔离开关的间隔，便于整屏搬迁。

5.1.2 双母线接线

5.1.2.1 两面屏（柜）方案

（1）线路保护1屏（柜）：线路保护、重合闸1+分相操作箱或断路器操作继电器接口1+电压切换箱1+（过电压及远方跳闸保护1）。

（2）线路保护2屏（柜）：线路保护、重合闸2+（分相操作箱或断路器操作继电器接口2）+电压切换箱2+（过电压及远方跳闸保护2）。

【注】

1）当线路配置单相TV时，电压切换箱为三相电压切换；当线路配置三相TV时，

电压切换箱为单相电压切换。

2）双套保护每套保护应配置独立的电压切换箱。

3）括号内的功能可根据电网具体情况选配。

5.1.2.2 三面屏（柜）方案

（1）线路保护1屏（柜）：线路保护、重合闸1+电压切换箱1+（过电压及远方跳闸保护1）。

（2）线路保护2屏（柜）：线路保护、重合闸2+电压切换箱2+（过电压及远方跳闸保护2）。

（3）线路辅助屏（柜）：分相操作箱或断路器操作继电器接口。

【注】

1）当线路配置单相TV时，电压切换箱为三相电压切换；当线路配置三相TV时，电压切换箱为单相电压切换。

2）双套保护每套保护应配置独立的电压切换箱。

3）括号内的功能可根据电网具体情况选配。

5.2 常规变电站保护屏（柜）背面端子排设计

5.2.1 3/2断路器接线保护屏（柜）端子排设计

5.2.1.1 线路、过电压及远方跳闸保护1（2）屏（柜）

1. 左侧端子排

（1）直流电源段（ZD）：本屏（柜）所有装置直流电源均取自该段。

（2）强电开入段（QD）：按装置可分为9QD、1QD、2QD。

（3）对时段（OD）：接受GPS硬触点对时。

（4）弱电开入段（RD）：按装置可分为9RD、1RD、2RD。

（5）出口正段（CD）：按装置可分为9CD、1C1D、1C2D、2CD。

（6）出口负段（KD）：按装置可分为9KD、1K1D、1K2D、2KD。

（7）集中备用段（1BD）。

2. 右侧端子排

（1）交流电压段（UD）：外部输入电压为UD，各继电保护装置输入电压分别为9UD、1UD、2UD。

（2）交流电流段（ID）：按装置分为9ID、1ID、2ID。

分电流排列顺序：I_{a1}、I_{b1}、I_{c1}、I_{n1}、I_{a2}、I_{b2}、I_{c2}、I_{n2}、I'_{a1}、I'_{b1}、I'_{c1}、I'_{n1}、I'_{a2}、I'_{b2}、I'_{c2}、I'_{n2}。

合电流排列顺序：I_{a1}、I_{a2}、I_{b1}、I_{b2}、I_{c1}、I_{c2}、I_{n1}、I_{n2}、I'_{a}、I'_{b}、I'_{c}、I'_{n}。

（3）信号段（XD）：按装置分为9XD、1XD、2XD。

（4）遥信段（YD）：按装置分为9YD、1YD、2YD。

（5）录波段（LD）：按装置分为 9LD、1LD、2LD。

（6）网络通信段（TD）：网络通信、打印接线和 IRIG - B（DC）时码对时。

（7）交流电源段（JD）。

（8）集中备用段（2BD）。

【注】

1）过电压及远方跳闸保护集成在线路保护中时，无 9QD、9RD、9CD、9KD、9UD、9ID、9XD、9YD、9LD。

2）QD、RD 根据装置实际情况，可选择其一。

【说明】

1）端子分段的基本原则：右侧布置交流回路，左侧布置直流回路。若端子分段布置困难时，PD、XD、YD、LD 和 TD 可在左右两侧灵活布置。

2）端子排设置方案：①右侧布置输入端子，左侧布置输出端子，但存在交直流混接的问题；②右侧布置交流端子，左侧布置直流端子，但存在左、右端子不对称的问题。

3）从屏柜背面正视柜内装置背板，交流电流和交流电压均布置在右侧，因此右则端子排主要布置交流电压和交流电流回路；开关量输入和输出回路主要分布在装置背板左侧，因此左侧端子排主要为开入和开出端子。

4）由于出口段比较危险，考虑右手工作的便捷性，布置在左侧，并宜布置在中间位置。

5）每侧端子排从上至下，按先布置重要回路、后布置次要回路的原则布置相关端子，大部分屏柜左侧端子排较多，右侧端子排较少，因此将相对不重要的信号端子从左侧移至右侧。

6）为了防止检修时跳闸出口正端电缆线头因重力作用与出口负端端子搭接导致保护误动作，同时考虑到出口电缆线一般为 $1.5mm^2$ 单股铜线，机械强度较大，不需要将出口正端 CD 和出口负端 KD 隔段布置，在出口正端端子后安装一定数量的空端子即可。

5.2.1.2 断路器保护屏（柜）、端子排设计

1. 左侧端子排

（1）直流电源段（ZD）：本屏（柜）所有装置直流电源均取自该段。

（2）强电开入段（4Q1D）：接收第一套保护跳、合闸，重合闸压力闭锁等开入信号。

（3）强电开入段（4Q2D）：接收第二套保护跳闸等开入信号。

（4）出口段（4C1D）：至断路器第一组跳、合闸线圈。

（5）出口段（4C2D）：至断路器第二组跳闸线圈。

（6）保护配合段（4P1D）：与第一套保护配合。

（7）保护配合段（4P2D）：与第二套保护配合。

（8）保护配合段（4P3D）：与断路器保护配合。

（9）信号段（4XD）：含控制回路断线、电源消失、保护跳闸、事故音响等。

（10）录波段（4LD）：分相跳闸、三相跳闸、合闸触点。

（11）集中备用段（1BD）。

2. 右侧端子排

（1）交流电压段（UD）：交流空气开关前电压为U_D，交流空气开关后为$3U_D$。

（2）交流电流段（3ID）：按I_a、I_b、I_c、I_n、I'_a、I'_b、I'_c、I'_n排列。

（3）强电开入段（3QD）：断路器位置、闭锁重合闸、低气压闭锁重合闸（断路器未储能闭锁重合闸）、分相/三相启动失灵、重合闸开入。

（4）对时段（OD）：接受 GPS 硬触点对时。

（5）弱电开入段（3RD）：断路器位置、闭锁重合闸、低气压闭锁重合闸（断路器未储能闭锁重合闸）、分相/三相启动失灵、重合闸开入。

（6）出口正段（3CD）：失灵保护跳相关断路器、重合闸出口正端。

（7）出口负段（3KD）：失灵保护跳相关断路器、重合闸出口负端。

（8）信号段（3XD）：保护动作、重合闸动作、运行异常、装置故障告警等信号。

（9）遥信段（3YD）：保护动作、重合闸动作、运行异常、装置故障告警等信号。

（10）录波段（3LD）：保护动作、重合闸动作。

（11）网络通信段（TD）：网络通信、打印接线和 IRIG - B（DC）时码对时。

（12）交流电源（JD）。

（13）集中备用段（2BD）。

【注】

3QD、3RD 根据装置实际情况，可选择其一。

5.2.1.3　短引线保护屏（柜）

1. 左侧端子排

（1）交流电流段（ID）：3 - 10ID、4 - 10ID。

（2）直流电源段（3ZD）：左侧保护直流电源。

（3）强电开入段（QD）：3 - 10QD、4 - 10QD。

（4）对时段（3OD）：左侧保护接受 GPS 硬触点对时。

（5）出口段（CD）：3 - 10CD、4 - 10CD。

（6）信号段（XD）：3 - 10XD、4 - 10XD。

（7）遥信段（YD）：3 - 10YD、4 - 10YD。

（8）录波段（LD）：3 - 10LD、4 - 10LD。

（9）网络通信段（TD）：网络通信、打印接线和 IRIG - B（DC）时码对时。

（10）集中备用段（1BD）。

2. 右侧端子排

（1）交流电流段（ID）：1 - 10ID、2 - 10ID。

（2）直流电源段（1ZD）：右侧保护直流电源。

（3）强电开入段（QD）：1 - 10QD、2 - 10QD。

（4）对时段（1OD）：右侧保护接受 GPS 硬触点对时。

（5）出口段（CD）：1 - 10CD、2 - 10CD。

（6）信号段（XD）：1 - 10XD、2 - 10XD。

（7）遥信段（YD）：1-10YD、2-10YD。

（8）录波段（LD）：1-10LD、2-10LD。

（9）交流电源（JD）。

（10）集中备用段（2BD）。

5.2.2　双母线接线保护屏（柜）背面端子排设计

5.2.2.1　线路保护、重合闸和操作箱两面屏（柜）方案

1. 左侧端子排

（1）直流电源段（ZD）：本屏（柜）所有装置直流电源均取自该段。

（2）强电开入段（4QD）：接收跳、合闸，重合闸压力闭锁等开入信号。

（3）出口段（4CD）：跳、合本断路器。

（4）保护配合段（4PD）：与保护配合。

（5）信号段（11XD）：通信接口信号。

（6）信号段（1XD）：保护动作、重合闸动作、运行异常、装置故障告警等信号。

（7）信号段（4XD）：含控制回路断线、电源消失、保护跳闸、事故音响等。

（8）信号段（7XD）：电压切换信号。

（9）遥信段（1YD）：保护动作、重合闸动作、运行异常、装置故障告警等信号。

（10）录波段（11LD）：通信接口录波。

（11）录波段（1LD）：保护动作、重合闸动作。

（12）录波段（4LD）：分相跳闸、三相跳闸、重合闸触点。

（13）网络通信段（TD）：网络通信、打印接线和 IRIG-B（DC）时码对时。

（14）集中备用段（1BD）。

2. 右侧端子排

（1）交流电压段（7UD）：外部输入电压及切换后电压。

（2）交流电压段（1UD）：继电保护装置输入电压。

（3）交流电流段（1ID）：继电保护装置输入电流。

（4）强电开入段（1QD）：跳闸位置触点 TWJa、TWJb、TWJc。

（5）强电开入段（7QD）：用于电压切换。

（6）对时段（OD）：接受 GPS 硬触点对时。

（7）弱电开入段（11RD）：用于通信接口。

（8）弱电开入段（1RD）：用于保护。

（9）出口正段（1CD）：保护跳闸、启动失灵、启动重合闸等正端。

（10）出口负段（1KD）：保护跳闸、启动失灵、启动重合闸等负端。

（11）保护配合段（7PD）：与母差、失灵保护配合。

（12）交流电源（JD）。

（13）集中备用段（2BD）。

5.2.2.2 线路保护、重合闸和操作箱三面屏（柜）方案

1. 保护 1（2）屏（柜）左侧端子排

(1) 直流电源段（ZD）：本屏（柜）所有装置直流电源均取自该段。

(2) 强电开入段（7QD）：用于电压切换。

(3) 强电开入段（1QD）：用于保护。

(4) 对时段（OD）：接受 GPS 硬触点对时。

(5) 弱电开入段（11RD）：用于通信接口。

(6) 弱电开入段（1RD）：用于保护。

(7) 出口正段（1CD）：保护跳闸、启动失灵、启动重合闸等正端。

(8) 出口负段（1KD）：保护跳闸、启动失灵、启动重合闸等负端。

(9) 保护配合段（7PD）：与母差、失灵保护配合。

(10) 集中备用段（1BD）。

2. 保护 1（2）屏（柜）右侧端子排

(1) 交流电压段（7UD）：外部输入电压及切换后电压。

(2) 交流电压段（1UD）：继电保护装置输入电压。

(3) 交流电流段（1ID）：继电保护装置输入电流。

(4) 信号段（7XD）：电压切换信号。

(5) 信号段（11XD）：通信接口信号。

(6) 信号段（1XD）：保护动作、重合闸动作、运行异常、装置故障告警等信号。

(7) 遥信段（1YD）：保护动作、重合闸动作、运行异常、装置故障告警等信号。

(8) 录波段（11LD）：通信接口录波。

(9) 录波段（1LD）：保护动作、重合闸动作。

(10) 网络通信段（TD）：网络通信、打印接线和 IRIG – B（DC）时码对时。

(11) 交流电源（JD）。

(12) 集中备用段（2BD）。

3. 线路辅助屏（柜）左侧端子排

(1) 直流电源段（ZD）：本屏（柜）所有装置直流电源均取自该段。

(2) 强电开入段（4Q1D）：接收第一套保护跳、合闸，重合闸压力闭锁等开入信号。

(3) 强电开入段（4Q2D）：接收第二套保护跳闸等开入信号。

(4) 出口段（4C1D）：至断路器第一组跳、合闸线圈。

(5) 出口段（4C2D）：至断路器第二组跳闸线圈。

(6) 保护配合段（4P1D）：与第一套保护配合。

(7) 保护配合段（4P2D）：与第二套保护配合。

(8) 保护配合段（4P3D）：与失灵保护配合。

(9) 信号段（4XD）：含控制回路断线、电源消失、保护跳闸、事故音响等。

(10) 录波段（4LD）：分相跳闸、三相跳闸、合闸触点。

(11) 集中备用段（1BD）。

5.3　常规变电站保护屏（柜）压板、转换开关及按钮设置

5.3.1　3/2 断路器接线

5.3.1.1　线路、过电压及远方跳闸保护

1. 压板

（1）出口压板：线路保护分相跳闸（2 组）、分相启动失灵启动重合闸（2 组）（主、后备保护共用压板）、过电压远跳发信（可选）。

（2）主保护投入方式一功能压板：纵联保护投/退、通道一投/退、通道二投/退、载波通道投/退（适用于光纤通道和载波通道，可选）、距离保护投/退、零序过流保护投/退、远方操作投/退、保护检修状态投/退。

（3）主保护投入方式二功能压板：通道一纵联保护投/退、通道二纵联保护投/退、光纤通道纵联保护投/退（适用于光纤通道和载波通道，可选）、载波通道纵联保护投/退（适用于光纤通道和载波通道，可选）、距离保护投/退、零序过流保护投/退、远方操作投/退、保护检修状态投/退。

（4）"选配功能"功能压板：过电压保护投/退、远方跳闸保护投/退。

（5）备用压板。

2. 转换开关和按钮

（1）转换开关：断路器运行/检修状态转换。

（2）按钮：复归按钮、通道试验按钮等。

5.3.1.2　断路器保护及操作箱

1. 压板

（1）保护出口压板：保护分相跳闸（2 组）、失灵跳相邻断路器（10 组）、重合闸出口。

（2）操作箱出口压板：三相跳闸出口启动失灵。

（3）功能压板：充电过流保护投/退、停用重合闸投/退、远方操作投/退、保护检修状态投/退。

（4）备用压板。

2. 按钮

复归按钮。

5.3.1.3　短引线保护

1. 压板

（1）保护出口压板：保护跳闸（4 组）。

（2）保护功能压板：短引线保护投/退、远方操作投/退、保护检修状态投/退。

（3）备用压板。

2. 按钮

复归按钮。

5.3.2 双母线接线

5.3.2.1 线路保护及重合闸

1. 压板

（1）出口压板：保护分相跳闸、三相不一致跳闸、分相启动失灵出口、操作箱的三相跳闸启动失灵、重合闸出口、过电压跳闸、过电压远跳发信。

【注】

过电压跳闸压板、过电压远跳发信压板仅适用于过电压及远方跳闸保护装置独立配置的情况。

（2）主保护投入方式一功能压板：纵联保护投/退、光纤通道一投/退、光纤通道二投/退、载波通道投/退（适用于光纤通道和载波通道，可选）、停用重合闸投/退、距离保护投/退、零序过流保护投/退、远方操作投/退、保护检修状态投/退。

（3）主保护投入方式二功能压板：通道一纵联保护投/退、通道二纵联保护投/退、光纤通道纵联保护投/退（适用于光纤通道和载波通道，可选）、载波通道纵联保护投/退（适用于光纤通道和载波通道，可选）、停用重合闸投/退、距离保护投/退、零序过流保护投/退、远方操作投/退、保护检修状态投/退。

（4）"选配功能"功能压板：过电压保护投/退、远方跳闸保护投/退。

（5）备用压板。

2. 转换开关和按钮

复归按钮、通道试验按钮等。

5.3.2.2 操作箱设置要求

（1）操作箱出口压板：三相跳闸出口启动失灵压板。

（2）备用压板。

（3）按钮：复归按钮。

5.4 常规变电站二次回路设计

5.4.1 3/2断路器接线二次回路设计

5.4.1.1 线路、过电压及远方跳闸保护

1. 开关量输入回路

（1）断路器位置信号：主保护及后备保护按断路器分相输入。

（2）启动远传：断路器失灵保护、线路高压并联电抗器保护、过电压远跳发信。

2. 出口回路

（1）线路保护以分相跳闸方式、过电压保护及远方跳闸保护以三相跳闸方式跳2台断路器。

（2）启动重合闸回路、失灵回路：分相启动2台断路器的重合闸及失灵保护。

5.4.1.2　断路器保护

1. 开关量输入回路

（1）与操作箱配合的回路，由制造商组屏（柜）设计，包括断路器分相位置、闭锁重合闸、压力降低闭锁重合闸、三相跳闸启动失灵。

（2）与线路保护配合：分相启动失灵保护及重合闸。

2. 出口回路

（1）跳、合本断路器回路：分相跳闸及重合闸。

（2）跳相邻断路器回路：跳所有相邻断路器的 2 个跳闸线圈出口。

5.4.1.3　短引线保护

1. 开关量输入回路

无。

2. 出口回路

保护以三相跳闸方式跳 2 台断路器。

5.4.1.4　操作箱二次回路

（1）与测控配合。

（2）手合、手跳。

（3）至合闸线圈。

（4）至第一组跳闸线圈。

（5）至第二组跳闸线圈。

（6）保护分相跳闸（2 组）。

（7）保护三相跳闸（2 组：启动失灵、启动重合闸）。

（8）保护三相跳闸（2 组：启动失灵、不启动重合闸）。

（9）保护三相跳闸（2 组：不启动失灵、不启动重合闸）。

（10）压力闭锁回路。

（11）防跳回路。

（12）分相跳闸及合闸位置监视回路（2 组）。

（13）跳合闸信号回路。

（14）控制回路断线、电源消失等。

5.4.2　双母线接线二次回路设计

5.4.2.1　线路保护及重合闸

1. 开关量输入回路

（1）断路器位置信号开关量输入：按断路器分相开关量输入。

（2）其他保护动作开关量输入。

（3）纵联电流差动保护的远传开关量输入。

（4）闭锁重合闸开关量输入。

（5）闭锁重合闸回路由操作箱 TJR 及手跳、手合继电器等实现。

（6）压力低闭锁重合闸开关量输入。

（7）操作箱内的断路器操动机构"压力低闭锁重合触点"的转换继电器应以常闭型触点的方式接入重合闸装置的对应回路。

【说明】

1）对于断路器操作机构而言，完全可以实现压力低时的闭锁跳闸、合闸功能。随着智能断路器的逐步应用，将逐步取消独立配置的操作箱。所以，由断路器操作机构自己独立完成压力低闭锁跳、合闸回路是最合理的，也是今后的发展方向。

2）考虑到与现有运行习惯的衔接，线路操作箱仍保留 2YJJ 回路，由断路器操作机构给操作箱提供压力低闭锁重合闸的常闭触点，操作箱收到压力低触点信号并通过 2YJJ 继电器扩展以后，分别向两套继电保护装置提供压力低闭锁重合闸的触点。

3）继电保护装置在启动以前，收到压力低信号，经延时确认信号有效后，重合闸放电不重合。压力低信号消失后，重合闸重新充电准备重合。

4）通常情况，继电保护装置跳闸容易出现压力瞬时降低又很快恢复的情况，所以，继电保护装置在启动以后收到压力低信号时，重合闸已经启动，则不闭锁重合闸。

5）正常运行时，也可能出现压力瞬时降低的情况，所以，压力低闭锁重合闸宜带延时，这个延时一般应大于断路器操作时压力瞬时降低的时间（约为 250ms）。目前，这个延时是由操作箱内压力低转换继电器 2YJJ 的动作时间、继电保护装置内压力低闭锁重合闸逻辑的确认时间共同组成。

6）对于双母接线形式，如断路器操作机构可以提供两副压力低触点，可取消操作箱内压力闭锁回路，直接将该触点接入双重化的两套继电保护装置，此时，继电保护装置压力低闭锁重合闸宜有较长的延时。

2. 出口回路

（1）跳闸回路：线路保护以分相跳闸方式跳断路器。

（2）启动失灵回路：分相启动失灵保护。

（3）启动重合闸回路。

（4）纵联保护与收发信机的配合。

5.4.2.2 操作箱及电压切换箱

1. 操作箱主要回路

（1）与测控配合。

（2）手合、手跳。

（3）至合闸线圈。

（4）至第一组跳闸线圈。

（5）至第二组跳闸线圈。

（6）保护分相跳闸。

（7）保护三相跳闸（启动失灵、启动重合闸）。

（8）保护三相跳闸（启动失灵、不启动重合闸）。

（9）保护三相跳闸（不启动失灵、不启动重合闸）。

（10）压力闭锁回路。

（11）防跳回路。

（12）分相跳闸及合闸位置监视回路。

（13）跳合闸信号回路。

（14）控制回路断线、电源消失等。

（15）备用中间继电器。

（16）直流电源监视。

2. 电压切换主要回路

（1）采用单位置启动方式。

（2）信号回路：切换同时动作、TV 失压信号。

5.5　智能变电站二次回路设计

（1）两套保护的跳闸回路应与两个智能终端分别一一对应。两个智能终端应与断路器的两个跳闸线圈分别一一对应。

（2）双重化的两套保护及其相关设备（电子式互感器、合并单元、智能终端、网络设备、跳闸线圈等）的直流电源应一一对应。

（3）智能变电站单间隔保护装置与本间隔智能终端、合并单元之间应采用点对点方式通信。

（4）跨间隔智能变电站保护（如母线保护）与各间隔合并单元之间应采用点对点方式通信，与各间隔智能终端之间宜采用点对点方式通信，如确有必要采用其他跳闸方式，相关设备应满足保护对可靠性和快速性的要求。

【说明】

1）Q/GDW 441—2010《智能变电站继电保护技术规范》中规定如下：

a. 保护应直接采样，对于单间隔的保护应直接跳闸，涉及多间隔的保护（母线保护）宜直接跳闸。对于涉及多间隔的保护（母线保护），如确有必要采用其他跳闸方式，相关设备应满足保护对可靠性和快速性的要求。

b. 继电保护装置与本间隔智能终端之间通信应采用 GOOSE 点对点通信方式；继电保护之间的联闭锁信息、失灵启动等信息宜采用 GOOSE 网络传输方式。

2）第（3）、第（4）条对 Q/GDW 441—2010《智能变电站继电保护技术规范》的 4.7、4.8 实施办法进行了细化描述，明确 Q/GDW 441—2010《智能变电站继电保护技术规范》中直接采样是与合并单元进行 SV 点对点通信，直接跳闸是与智能终端进行 GOOSE 点对点通信。

（5）智能变电站装置过程层 GOOSE 信号应直接连接，不应由其他装置转发。当装置之间无网络连接，但又需要配合时，宜通过智能终端输出触点建立配合关系，如三相重合闸方式下两套保护间的闭锁重合闸信号。

【说明】

智能化元件继电保护装置之间的配合主要指单间隔保护装置与跨间隔保护装置之间的

配合，如变压器保护与母线保护配合、与备自投装置配合等。目前变电站 35kV 及以下一般不配置过程层网络，当变压器保护与低压自投配合时不能通过 GOOSE 网络传递联闭锁信息。为解决此类问题，最简单且便于直观检查的解决办法即：宜通过智能终端输出触点建立配合关系。

（6）智能变电站继电保护装置跳闸触发录波信号应采用保护 GOOSE 跳闸信号。

（7）继电保护装置、智能终端等智能电子设备间的相互启动、相互闭锁、位置状态等交换信息可通过 GOOSE 网络传输，双重化配置的保护之间不直接交换信息。

（8）双 A/D 采样数据需同时连接虚端子，不能只连接其中一个。

第 **6** 章

"九统一"线路保护装置调试

6.1 CSC-103A 线路保护装置

6.1.1 模拟量通道检查

6.1.1.1 零漂检查

以诺思谱瑞 CRX200 为例，通过智能继电保护装置校验仪器进行模拟量通道检查。首先使用光纤将试验装置的输出光口与继电保护装置 SV 光口连接；然后打开配置好的诺思谱瑞手持校验装置，进入手动测试；再将电压和电流设置成 0.000，点击开始，进行零漂检查，见图 6-1。观察面板显示或进入信息查看→保护状态→模拟量菜单查看零漂是否满足要求。

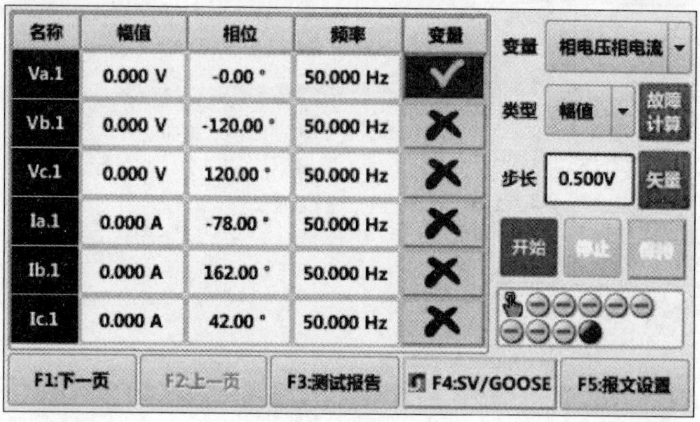

名称	幅值	相位	频率	变量
Va.1	0.000 V	-0.00 °	50.000 Hz	✓
Vb.1	0.000 V	-120.00 °	50.000 Hz	✗
Vc.1	0.000 V	120.00 °	50.000 Hz	✗
Ia.1	0.000 A	-78.00 °	50.000 Hz	✗
Ib.1	0.000 A	162.00 °	50.000 Hz	✗
Ic.1	0.000 A	42.00 °	50.000 Hz	✗

变量 相电压相电流
类型 幅值 故障计算
步长 0.500V 矢量
开始 停止 保持

F1:下一页　F2:上一页　F3:测试报告　F4:SV/GOOSE　F5:报文设置

图 6-1 零漂检查

6.1.1.2 相序和精度检查

见图 6-2，设置电压为 10.000V、20.000V、30.000V，电流为 0.100A、0.200A、0.300A，相位设置正序相位，点击开始，观察面板显示或进入信息查看→保护状态→模拟量菜单查看中观察相序是否正确。

将电压电流设置为额定值，电压 57.740V，电流 1.000A，见图 6-3。点击开始，观察面板显示或进入信息查看→保护状态→模拟量菜单查看满度精度是否正确。要求各通道误差小于 2.5%。

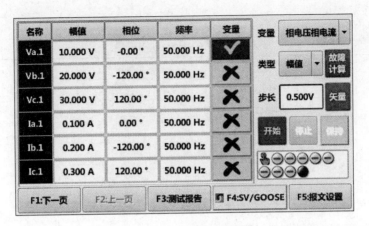

图 6-2 相序检查

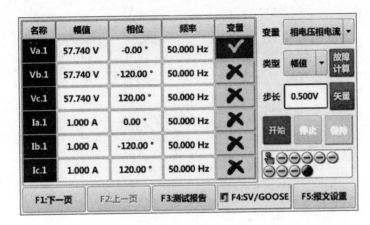

图 6-3 精度检查

6.1.2 开入量检查

软压板检查：在装置运行操作→压板投退→功能软压板菜单中进行软压板投/退测试。

硬压板检查：通过投入硬压板，在信息查看→压板状态菜单中，可以查看压板投入情况，"1"为投入，"0"为退出。

投入"远方操作"压板后，禁止就地操作软压板。同时在进行压板测试时，软压板投/退，装置报软压板投/退报文；硬压板投/退，装置报硬压板投/退报文。

在装置信息查看→保护状态→开关量菜单中，查看各开入当前状态，使用诺思谱瑞连接装置，进入手动试验，点击 SV/GOOSE，进入 GOOSE 发送页面，点击相应的开关量，观察装置对应开关量状态是否发生变化。

6.1.3 保护校验

6.1.3.1 保护定值

以某条采用 CSC-103A-DA-G 保护的线路为例，根据定值单进行保护校验试验，定值单见表 6-1~表 6-3。

表 6-1   CSC-103A-DA-G 定值单

类别	序号	定值名称	定值范围	单位	原定值	现定值
纵联差动保护	1	变化量启动电流定值	$(0.05\sim0.5)\,I_N$	A		0.15
	2	零序启动电流定值	$(0.05\sim0.5)\,I_N$	A		0.15
	3	差动动作电流定值	$(0.05\sim2)\,I_N$	A		0.8
	4	线路正序容抗定依	$8\sim6000$	Ω		5000
	5	线路零序容抗定值	$8\sim6000$	Ω		6000
	6	本侧电抗器阻抗定值	$1\sim9000$	Ω		9000
	7	本侧小电抗器阻抗定值	$1\sim9000$	Ω		9000
	8	本侧识别码	$0\sim65535$			20131
	9	对侧识别码	$0\sim65535$			20132
后备保护	10	线路正序阻抗定值	$(0.05\sim655)\,/I_N$	Ω		1.32
	11	线路负序灵敏角	$55\sim89$	(°)		80
	12	线路零序阻抗定值	$(0.05\sim655)\,/I_N$	Ω		3.43
	13	线路零序灵敏角	$55\sim89$	(°)		75
	14	线路总长度	$0\sim655$	km		6.52
	15	接地距离Ⅰ段保护定值	$(0.05\sim125)\,/I_N$	Ω		0.67
	16	接地距离Ⅱ段保护定值	$(0.05\sim125)\,/I_N$	Ω		5.6
	17	接地距离Ⅱ段保护时间	$0.01\sim10$	s		1.1 (0.5)
	18	接地距离Ⅲ段保护定值	$(0.05\sim200)\,/I_N$	Ω		
	19	接地距离Ⅲ段保护时间	$0.01\sim10$	s		2.8
	20	相间距离Ⅰ段保护定值	$(0.05\sim125)\,/I_N$	Ω		0.93
	21	相间距离Ⅱ段保护定值	$(0.05\sim125)\,/I_N$	Ω		5.6
	22	相间距离Ⅱ段保护时间	$0.01\sim10$	s		1.1 (0.5)
	23	相间距离Ⅲ段保护定值	$(0.05\sim200)\,/T_N$	Ω		9
	24	相间距离Ⅲ段保护时间	$0.01\sim10$	s		2.8
	25	负荷限制电阻定值	$(0.05\sim125)\,/I_N$	Ω		22
	26	零序过流Ⅱ段保护定值	$(0.05\sim20)\,I_N$	A		6
	27	零序过流Ⅱ段保护时间	$0.01\sim10$	s		1
	28	零序过流Ⅲ段保护定值	$(0.05\sim20)\,I_N$	A		0.18
	29	零序过流Ⅲ段保护时间	$0.01\sim10$	s		3.8
	30	零序过流加速段定值	$(0.05\sim20)\,I_N$	A		0.3
	31	单相重合闸时间	$0.1\sim10$	s		1
	32	三相重合闸时间	$0.1\sim10$	s		2
	33	同期合闸角	$0\sim90$	(°)		20

续表

类别	序号	定值名称	定值范围	单位	原定值	现定值
自定义	34	TA 断线后分相差动定值	$(0.1\sim20)\,I_N$	A		1
	35	零序电抗补偿系数 K_X	$-0.33\sim10$			0.5
	36	零序电阻补偿系数 K_R	$-0.33\sim10$			1
	37	振荡闭锁过流	$(0.5\sim20)\,I_N$	A		1

表 6-2   **CSC-103A-DA-G 保护控制字**

类别	序号	控制字名称	整定方式	原定值	现定值
纵联差动控制字	1	纵联差动保护	0, 1		1
	2	TA 断线闭锁差动	0, 1		1
	3	通道一通信内时钟	0, 1		1
	4	通道二通信内时钟	0, 1		1
后备保护和重合闸控制字	5	电压取线路 TV 电压	0, 1		0
	6	振荡闭锁元件	0, 1		1
	7	距离 I 段保护	0, 1		1
	8	距离 II 段保护	0, 1		1
	9	距离 III 段保护	0, 1		1
	10	零序电流保护	0, 1		1
	11	零序过流 III 段保护经方向	0, 1		1
	12	三相跳闸方式	0, 1		1
	13	II 段保护闭锁重合闸	0, 1		0
	14	多相故障闭锁重合闸	0, 1		1
	15	重合闸检同期方式	0, 1		0
	16	重合闸检无压方式	0, 1		0
	17	单相重合闸	0, 1		0
	18	三相重合闸	0, 1		0
	19	禁止重合闸	0, 1		0
	20	停用重合闸	0, 1		1
	21	单相 TWJ 启动重合闸	0, 1		1
	22	三相 TWJ 启动重合闸	0, 1		0
自定义	23	电流补偿	0, 1		0
	24	远跳受启动元件控制	0, 1		1
	25	通道环回试验	0, 1		0
	26	快速距离保护	0, 1		0
	27	零序加速段带方向	0, 1		1

表 6 - 3 CSC - 103A - DA - G 功能软压板

序号	定 值 名 称	定值范围	整定值
1	纵联差动保护	0，1	1
2	光纤通道	0，1	1
3	光纤通道二	0，1	1
4	距离保护	0，1	1
5	零序过流保护	0，1	1
6	停用重合闸	0，1	1
7	远方投退压板	0，1	1
8	远方切换定值	0，1	1
9	远方修改定值	0，1	1

6.1.3.2 纵联差动保护试验

1. 原理介绍

各种差动保护及其动作方程如下：

（1）高定值分相电流差动。

$$
\left.\begin{array}{l}
I_D > I_H \\
I_D > 0.6I_B, 0 < I_D < 3I_H \\
I_D > 0.8I_B - I_H, I_D \geqslant 3I_H \\
I_D = |(I_M - I_{MC}) + (I_N - I_{NC})| \\
I_B = |(I_M - I_{MC}) - (I_N - I_{NC})| \\
I_H = \max(I_{DZH}, 2I_C) \\
I_{DZH} = \max[I_{CDSet}, \min(1000A, K_2 I_{CDSet})], K_2 = 2
\end{array}\right\} \tag{6-1}
$$

式中 I_D——经电容电流补偿后的差动电流；

I_B——经电容电流补偿后的制动电流；

I_H——分相差动高定值；

I_M——M 侧线路电流；

I_N——N 侧线路电流；

I_{MC}——M 侧电容电流；

I_{NC}——N 侧电容电流；

I_C——正常运行时的实测电容电流；

I_{DZH}——分相差动高定值；

I_{CDSet}——零序电流差动保护整定值，按内部高阻接地故障有灵敏度整定。

（2）低定值分相电流差动。

$$I_D > I_L$$
$$I_D > 0.6I_B \quad 0 < I_D < 3I_L$$
$$I_D > 0.8I_B - I_L \quad I_D \geqslant 3I_L \qquad (6-2)$$
$$I_L = \max(I_{DZL}, 1.5I_C)$$
$$I_{DZL} = \max[I_{CDSet}, \min(800A, K_1 I_{CDSet})], K_1 = 1.5$$

式中　I_L——分相差动低定值；

　　　I_{DZL}——分相差动低定值。

同时，低定值分相电流差动保护带 40ms 延时。

（3）零序电流差动保护。

$$I_{D0} > I_{CDSet}$$
$$I_D > 0.75I_{B0} \qquad (6-3)$$

式中　I_{D0}——经电容电流补偿后的零序差动电流；

　　　I_{B0}——经电容电流补偿后的零序制动电流。

零序电流差动保护延时 100ms 动作、选跳；TA 断线时退出。

【注】

表 6-1 中的"差动动作电流定值"为零序电流差动保护整定值 I_{CDSet}，应大于一次电流 240A。

分相电流差动保护和零序电流差动保护的制动特性见图 6-4。

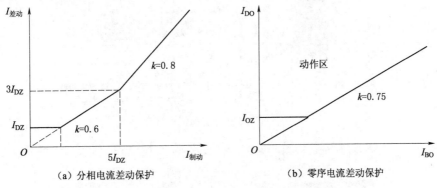

（a）分相电流差动保护　　　　（b）零序电流差动保护

图 6-4　分相电流及零序电流差动保护制动特性

2. 试验方法

采用单装置自环试验，单模光纤的接收"Rx"和发送"Tx"用尾纤短接，构成自发自收方式，将"本侧识别码"和"对侧识别码"整定为相同，故障电流大于 1/2 定值即可。将纵联差动保护软压板、控制字置 1，投入纵联差动保护。

（1）零序电流差动保护。采用状态序列菜单验证零序电流差动保护定值 1.05 倍可靠动作。

1）状态 1：模拟线路空载状态，正常电压 57.740V，无电流，开关合位，持续 10.000s。具体见图 6-5。

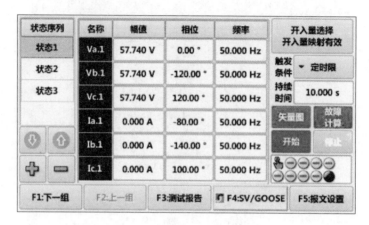

图 6 - 5　零序电流差动保护状态 1

2）状态 2：模拟 A 相故障，零序电流差动保护定值为 0.4。

$$I_a = 0.5 \times I_{set} \times 1.05 \times 2 = 0.5 \times 0.4 \times 1.05 \times 2 = 0.420(A)$$

故障电流 0.420A，持续 0.200s，见图 6 - 6。

状态序列	名称	幅值	相位	频率	开入量选择 开入量映射有效
状态1	Va.1	30.000 V	0.00 °	50.000 Hz	触发条件　▾ 定时限
状态2	Vb.1	57.735 V	-120.00 °	50.000 Hz	持续时间　0.200 s
状态3	Vc.1	57.735 V	120.00 °	50.000 Hz	矢量图　故障计算
	Ia.1	0.420 A	-75.00 °	50.000 Hz	开始　停止
	Ib.1	0.000 A	-120.00 °	50.000 Hz	
	Ic.1	0.000 A	120.00 °	50.000 Hz	
F1:下一组	F2:上一组	F3:测试报告	F4:SV/GOOSE	F5:报文设置	

图 6 - 6　零序电流差动保护状态 2

3）状态 3：模拟故障后跳开状态，恢复正常电压 57.740V，无电流，持续 1.000s，见图 6 - 7。

状态序列	名称	幅值	相位	频率	开入量选择 开入量映射无效
状态1	Va.1	57.740 V	0.00 °	50.000 Hz	触发条件　▾ 定时限
状态2	Vb.1	57.735 V	-120.00 °	50.000 Hz	持续时间　1.000 s
状态3	Vc.1	57.735 V	120.00 °	50.000 Hz	矢量图　故障计算
	Ia.1	0.000 A	0.00 °	50.000 Hz	开始　停止
	Ib.1	0.000 A	-120.00 °	50.000 Hz	
	Ic.1	0.000 A	120.00 °	50.000 Hz	
F1:下一组	F2:上一组	F3:测试报告	F4:SV/GOOSE	F5:报文设置	

图 6 - 7　零序电流差动保护状态 3

装置报文：

15ms 保护启动

111ms 纵联差动保护动作跳 A 相

零序差动动作 $I = 0.841A$ 跳 A 相

三相差动电流 $I_{CDa} = 0.843A$　$I_{CDb} = 0.000A$　$I_{CDc} = 0.000A$

三相制动电流 $I_A = 0.000A$　$I_B = 0.000A$　$I_C = 0.000A$

采样已同步

数据来源通道一

采用同样方法，验证当 0.95 倍定值时保护不动作。

（2）分相差动低定值。采用状态序列菜单进行分相差动低定值试验。定值采用表 6-1～表 6-3 中的数值，验证 1.05 倍定值可靠动作。

1）状态 1：模拟线路空载状态，正常电压 57.740V，无电流，开关合位，持续 10.000s。

2）状态 2：模拟 A 相故障。

$$I_a = 0.5 \times I_{set} \times 1.05 \times 1.5 = 0.5 \times 0.8 \times 1.05 \times 1.5 = 0.630(A)$$

经计算，故障电流 0.630A，持续 0.060s，具体见图 6-8。

状态序列	名称	幅值	相位	频率	开入量选择 开入量映射有效
状态1	Va.1	30.000 V	0.00 °	50.000 Hz	触发条件 ▾ 定时限
状态2	Vb.1	57.735 V	-120.00 °	50.000 Hz	
状态3	Vc.1	57.735 V	120.00 °	50.000 Hz	持续时间 0.060 s
	Ia.1	0.630 A	-75.00 °	50.000 Hz	矢量图 故障计算
⬇ ⬆	Ib.1	0.000 A	-120.00 °	50.000 Hz	开始 停止
➕ ➖	Ic.1	0.000 A	120.00 °	50.000 Hz	
F1:下一组	F2:上一组	F3:测试报告	F4:SV/GOOSE	F5:报文设置	

图 6-8　分相差动低定值状态 2

3）状态 3：模拟故障后跳开状态，正常电压 57.740V，无电流，持续 1.000s。

装置报文：

3ms 保护启动

59ms 纵联差动保护动作跳 A 相

59ms 分相差动动作 $I_{CDa} = 1.220A$　$I_{CDb} = 0.000A$　$I_{CDc} = 0.000A$ 跳 A 相

三相差动电流 $I_{CDa} = 1.270A$　$I_{CDb} = 0.000A$　$I_{CDc} = 0.000A$

三相制动电流 $I_A = 0.000A$　$I_B = 0.000A$　$I_C = 0.000A$

电流采样已同步

数据来源通道一

同样方法，验证 0.95 倍定值时保护不动作。

（3）分相差动高定值。采用状态序列菜单进行分相差动高定值试验。定值采用表 6 - 1～表 6 - 3 中的数值，验证 1.05 倍定值可靠动作。

1）状态 1：模拟线路空载状态，正常电压 57.740V，无电流，开关合位，持续 10.000s。

2）状态 2：模拟 A 相故障。

$$I_a = 0.5 \times I_{set} \times 1.05 \times 2 = 0.5 \times 0.8 \times 1.05 \times 2 = 0.840(A)$$

经计算，故障电流 0.840A，持续 0.050s，见图 6 - 9。

状态序列	名称	幅值	相位	频率	开入量选择 开入量映射有效
状态1	Va.1	30.000 V	0.00 °	50.000 Hz	
状态2	Vb.1	57.735 V	-120.00 °	50.000 Hz	触发条件 ▾ 定时限
状态3	Vc.1	57.735 V	120.00 °	50.000 Hz	持续时间 0.050 s
	Ia.1	0.840 A	-75.00 °	50.000 Hz	矢量图 故障计算
⬇ ⬆	Ib.1	0.000 A	-120.00 °	50.000 Hz	开始 停止
➕ ➖	Ic.1	0.000 A	120.00 °	50.000 Hz	
F1:下一组	F2:上一组	F3:测试报告	F4:SV/GOOSE	F5:报文设置	

图 6 - 9 分相差动高定值状态 2

3）状态 3：模拟故障后跳开状态，正常电压 57.740V，无电流，持续 1.000s。
装置报文：

5ms 保护启动

27ms 纵联差动保护动作跳 A 相

27ms 分相差动动作 I_{CDa}=1.676A I_{CDb}=0.000A I_{CDc}=0.000A 跳 A 相

三相差动电流 I_{CDa}=1.681A I_{CDb}=0.000A I_{CDc}=0.000A

三相制动电流采样已同步 I_A=0.000A I_B=0.000A I_C=0.000A

数据来源通道一

同样方法，当 m=0.95 倍定值时，保护不动作。

6.1.3.3 距离保护试验

1. 原理简介

各段距离元件动作特性均为多边形特性，见图 6 - 10。各段距离元件分别计算 X 分量的电抗值和 R 分量的电阻值。

图 6 - 10 中，X_{DZ} 为阻抗定值折算到 X 的电抗分量；R_{DZ} 按躲正常过负荷情况下的负荷阻抗整定，可满足长、短线路的不同要求，提高了短线路允许过渡电阻的能力，以及长线路避越负荷阻抗的能力；选择的多边形上边下倾角（图 6 - 10 中的 7°下倾角），可

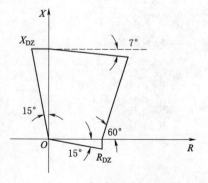

图 6 - 10 距离元件多边形特性

提高躲区外故障情况下的防超越能力。

对于三段式相间距离保护的电抗 X_{DZ}：分别为相间距离Ⅰ段、相间距离Ⅱ段和相间距离Ⅲ段阻抗定值的折算电抗分量。

对于三段式接地距离保护的电抗 X_{DZ}：分别为接地距离Ⅰ段、接地距离Ⅱ段和接地距离Ⅲ段阻抗定值的折算电抗分量。

在重合或手合时，阻抗动作特性在图 6-10（a）的基础上，再叠加上一个包括坐标原点的小矩形特性，称为阻抗偏移特性动作区，以保证 TV 在线路侧时也能可靠切除出口故障。在三相短路时，距离Ⅲ段也采用偏移特性。其中 X 取 $X_{DZ}/2$ 与 $\dfrac{2.5}{I_n}\Omega$（$I_n=1A$、5A）两者中的最小值，R 取 8 倍上述 X 取值与 $R_{DZ}/4$ 两者中小者的最小值。

2. 试验方法

（1）接地距离Ⅰ段保护

投入距离保护软压板，将距离Ⅰ段控制字置 1。

采用状态序列菜单进行接地距离Ⅰ段试验。验证 $m=0.95$ 时保护可靠动作。

1）状态 1：模拟线路空载状态，正常电压 57.740V，无电流，开关合位，持续 10.000s。

2）状态 2：模拟 A 相接地故障，故障电流 5A，正序阻抗角 80°零序补偿系数 $k_r=1$，$k_x=0.5$，计算公式为

$$U_\Phi = m \times (1+K_x)I_e Z_{\text{set. p}}$$

代入定值得

$$m = 0.95 \text{ 时}, U_\Phi = 0.95 \times (1+0.5) \times 5 \times 0.67 = 4.770(V)$$

$$m = 1.05 \text{ 时}, U_\Phi = 1.05 \times (1+0.5) \times 5 \times 0.67 = 5.280(V)$$

设置电压为 4.770V 电流 5.000A，-80.00°，持续 0.100s，见图 6-11。

状态序列	名称	幅值	相位	频率	开入量选择 开入量映射有效
状态1	Va.1	4.770 V	0.00 °	50.000 Hz	触发 条件　▾ 定时限
状态2	Vb.1	57.740 V	-120.00 °	50.000 Hz	
状态3	Vc.1	57.740 V	120.00 °	50.000 Hz	持续 时间　　0.100 s
	Ia.1	5.000 A	-80.00 °	50.000 Hz	矢量图　故障计算
⬇ ⬆	Ib.1	0.000 A	-120.00 °	50.000 Hz	开始　　停止
➕ ➖	Ic.1	0.000 A	120.00 °	50.000 Hz	
F1:下一组	F2:上一组	F3:测试报告	F4:SV/GOOSE	F5:报文设置	

图 6-11　接地距离Ⅰ段保护状态 2

3）状态 3：模拟故障后跳开状态，正常电压 57.740V，无电流，开关分位，持续 1.000s。

装置报文：

5ms 保护启动

41ms 接地距离Ⅰ段动作 A 相跳 A 相

故障相电压 $U_A=4.762V$ $U_B=57.741V$ $U_C=57.742V$

故障相电流 $I_A=5.010A$ $I_B=0.000A$ $I_C=0.000A$ $3I_0=5.010A$

同样方法，验证当 m 为 1.05 或者电流角度相反时，保护不动作。

接地距离Ⅱ段和接地距离Ⅲ段保护校验方法与接地距离Ⅰ段保护相同，试验流程参照接地Ⅰ段保护校验方法。

(2) 相间距离Ⅰ段保护。投入距离保护软压板，将距离Ⅰ段控制字置1。采用状态序列菜单进行相间距离Ⅰ段试验，验证 $m=0.95$ 时保护可靠动作。

1) 状态 1：模拟线路空载状态，正常电压 57.740V，无电流，开关合位，持续 10.000s。

2) 状态 2：模拟 BC 相间故障，故障电流 5.000A。

$$U_{\Phi\Phi} = 2mI_eZ_{set.pp}$$

$$m = 0.95 \text{ 时}, U_{\Phi\Phi} = 0.95 \times 2 \times 5 \times 0.93 = 8.835(V)$$

$$U_B = U_C = \sqrt{\left(\frac{57.74}{2}\right)^2 + \left(\frac{8.835}{2}\right)^2} = 29.2(V)$$

$$\varphi_1 = \varphi_2 = \arctan\left(\frac{\dfrac{U_{kbc}}{2}}{\dfrac{57.74}{2}}\right) = 8.7°$$

$$\varphi_B = 180° - 8.7° = 171.3°$$

$$\varphi_C = 180° + 8.7° = 188.7°$$

同理，$m = 1.05$ 时，$U_{\Phi\Phi} = 1.05 \times 2 \times 5 \times 0.93 = 9.765(V)$

$$U_B = U_C = \sqrt{\left(\frac{57.74}{2}\right)^2 + \left(\frac{9.765}{2}\right)^2} = 29.3(V)$$

$$\varphi_1 = \varphi_2 = \arctan\left(\frac{\dfrac{U_{kbc}}{2}}{\dfrac{57.74}{2}}\right) = 9.6°$$

$$\varphi_B = 180° - 9.6° = 170.4°$$

$$\varphi_{IB} = -90° - 80° = -170°$$

$$\varphi_{IC} = 180° - 170° = 10°$$

所以当 $m=0.95$ 时电流电压及时间设置为：故障电流 5.000A，持续 0.100s；B 相电压为 29.200V、$-171.30°$；C 相电压 29.200V、$171.30°$；B 相电流 5.000A、$-170.00°$；C 相电流 5.000A、$10.00°$；持续 0.100s，见图 6 - 12。

3) 状态 3：模拟故障后跳开状态，正常电压 57.740V，无电流，开关分位，持续 1.000s。

装置报文：

6ms 保护启动

43ms 相间距离Ⅰ段保护 BC 相跳 ABC 相

故障相电压 $U_A=57.738V$ $U_B=29.200V$ $U_C=29.208V$

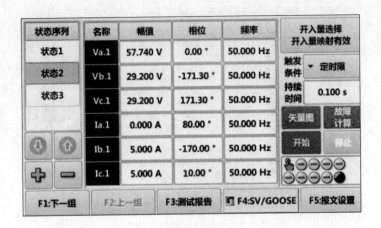

图 6-12 相间距离Ⅰ段保护状态 2

故障相电流 $I_A=0A$ $I_B=5.000A$ $I_C=5.000A$ $3I_0=5.000A$

同理，当 $m=1.05$ 或者电流角度相反时，保护不动作。

相间距离Ⅱ段、Ⅲ段保护校验方法与相间距离Ⅰ段相同，试验流程参照相间距离Ⅰ段保护校验方法。

（3）距离Ⅱ段加速。采用状态序列菜单进行距离Ⅱ段加速试验。

1）状态 1：模拟线路空载状态，正常电压 57.740V、无电流、开关合位，持续 10.000s，见图 6-13。

状态序列	名称	幅值	相位	频率	开入量选择 开入量映射有效
状态1	Va.1	57.740 V	0.00°	50.000	
状态2	Vb.1	57.740 V	-120.00°	50.000	触发 条件 ▾ 定时限
状态3	Vc.1	57.740 V	120.00°	50.000	持续 时间 10.000 s
状态4	Ia.1	0.000 A	-20.00°	50.000	矢量图 故障计算
	Ib.1	0.000 A	-140.00°	50.000	开始 停止
	Ic.1	0.000 A	100.00°	50.000	
F1:下一组	F2:上一组	F3:测试报告	F4:SV/GOOSE	F5:报文设置	

图 6-13 距离Ⅱ段加速状态 1

2）状态 2：模拟 A 相接地故障，故障电流 5.000A，阻抗角-80.00°，A 相电压 4.770V，持续 0.100s，见图 6-14。

3）状态 3：模拟故障后跳开状态，正常电压 57.740V，无电流，持续 1.100s，见图 6-15。

图 6-14 距离Ⅱ段加速状态 2

图 6-15 距离Ⅱ段加速状态 3

4）状态 4：模拟 A 相接地故障。

$$m = 0.95 \text{ 时}, U_\Phi = 0.95 \times (1 + 0.5) \times 5 \times 5.6 = 39.9(\text{V})$$

故障电流 5.000A，阻抗角 80.00°，A 相电压 39.9.00V，持续 0.100s，见图 6-16。

图 6-16 距离Ⅱ段加速状态 4

装置报文：

4ms 保护启动

18ms 接地距离Ⅰ段保护动作

故障相电压 U_A＝4.772V U_B＝57.740V U_C＝57.740V

故障相电流 I_A＝5.010A I_B＝0.000A I_C＝0.000A $3I_0$＝5.010A

1229ms 距离Ⅱ段加速动作 A 相跳 ABC 相

1229ms 距离加速动作 A 相跳 ABC 相

1232ms 闭锁重合闸

6.1.3.4 零序过流保护试验

1. 原理简介

在全相运行时配置了两段零序过流方向保护。零序过流Ⅱ段保护自动带方向，零序过流Ⅲ段保护可由控制字选择经方向或不经方向元件闭锁。当 TV 断线时，保留零序电流Ⅲ段保护，自动退出其方向。

各段零序过流保护通过"零序过流保护"压板控制投退。零序过流Ⅱ段、Ⅲ段保护由"零序电流保护"控制字投退。

非全相时设置了有带延时的零序过流Ⅲ段保护，固定不带方向，动作时间为：零序过流保护Ⅲ段保护时间定值－500ms。

全相运行时，零序过流Ⅱ段动作后，通过控制字选择为选跳、三相跳闸或永跳（闭锁重合闸）；零序过流Ⅲ段保护动作后永跳（闭锁重合闸）。非全相运行时，短时限的零序过流Ⅲ段保护动作后永跳（闭锁重合闸）。

2. 试验方法

(1) 零序过流Ⅱ段保护。投入零序过流保护软压板，将零序过流保护控制字置 1。

采用状态序列菜单进行零序过流Ⅱ段保护试验。验证 m＝1.05 时保护可靠动作。

1) 状态 1：模拟线路空载状态，正常电压 57.740V，无电流，开关合位，持续 10.000s。

2) 状态 2：模拟 A 相接地故障。

$$m = 1.05 \text{ 时}, I_A = 6 \times 1.05 = 6.3(A)$$

$$m = 0.95 \text{ 时}, I_A = 6 \times 0.95 = 5.7(A)$$

故障电流 6.300A，零序阻抗角－75°持续 1.100s。见图 6－17。

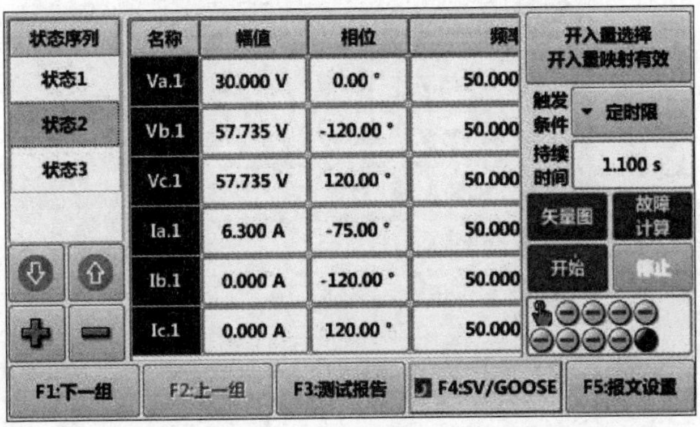

图 6－17 零序过流Ⅱ段保护状态 2

3) 状态 3：模拟故障后跳开状态，正常电压 57.740V，无电流，持续 1.000s。

装置报文：

4ms 保护启动

305ms 零序过流 Ⅱ 段保护 $3I_0 = 6.280A$　A 相

故障相电压 $U_A = 29.970V$　$U_B = 57.730V$　$U_C = 57.740V$　A 相

故障相电流 $I_A = 6.280A$　$I_B = 0.000A$　$I_C = 0.000A$　$3I_0 = 6.280A$

当 $m = 0.95$ 或电流方向相反时，保护不动作。

零序过流 Ⅲ 段保护校验方法与零序过流 Ⅱ 段保护相同，参照零序过流 Ⅱ 段保护校验方法。

（2）零序加速段。采用状态序列菜单进行零序加速段试验。

1) 状态 1：模拟线路空载状态，正常电压 57.740V，无电流，开关合位，持续 10.000s。见图 6-18。

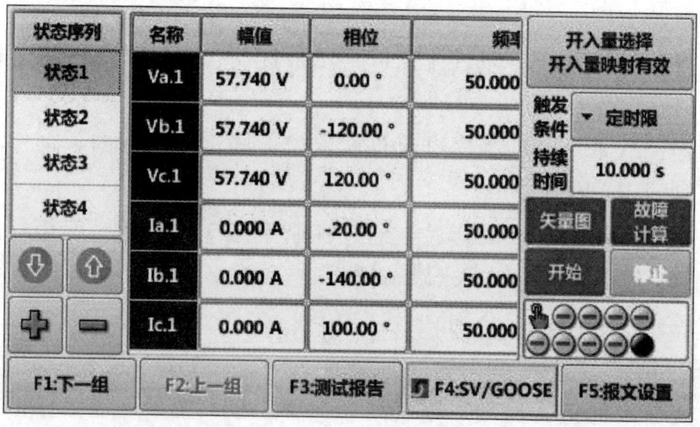

图 6-18　零序加速段状态 1

2) 状态 2：模拟 A 相接地故障，A 相电流为 6.300A，A 相电压为 30.000V，零序阻抗角 75.00°，持续时间 1.100s，见图 6-19。

$$m = 1.05 \text{ 时}, I_A = 6 \times 1.05 = 6.3(A)$$

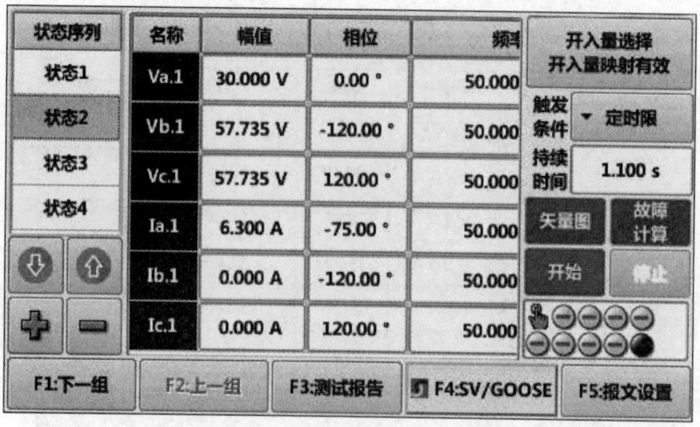

图 6-19　零序加速段状态 2

3）状态 3：模拟故障后跳开状态，正常电压 57.740V，无电流，持续 1.100s，见图 6-20。

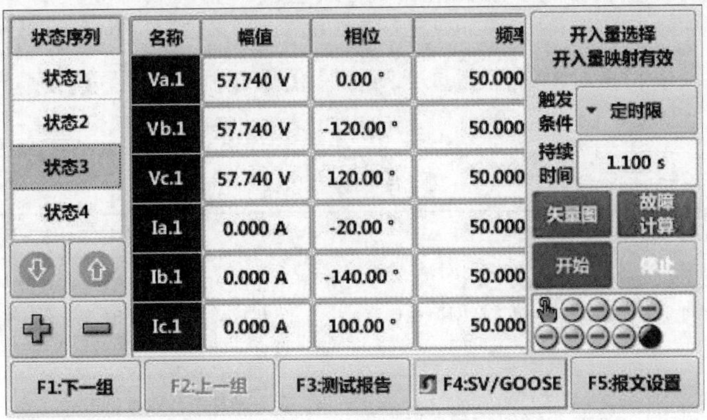

图 6-20 零序加速段状态 3

4）状态 4：模拟 A 相接地故障，故障电流 0.315A，阻抗角 75.00°，持续 0.100s，见图 6-21。

$$m = 1.05 \text{ 时}, I_A = 0.3 \times 1.05 = 0.315(\text{A})$$

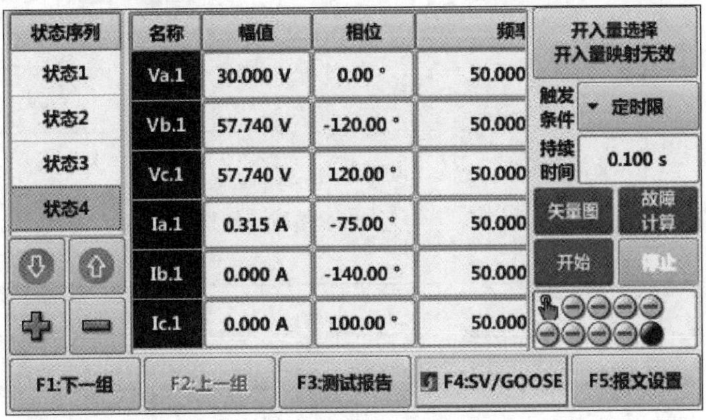

图 6-21 零序加速段状态 4

装置报文：

5ms 保护启动

1024ms 零序电流 Ⅱ 段保护动作 $3I_0 = 6.270$A 跳 A 相

故障相电压 $U_A = 30.000$V　$U_B = 57.720$V　$U_C = 57.740$V

故障相电流 $I_A = 6.300$A　$I_B = 0.000$A　$I_C = 0.000$A　$3I_0 = 6.300$A

2280ms 零序加速动作 $3I_0 = 0.310$A 跳 ABC 相

2283ms 闭锁重合闸

6.1.3.5 重合闸试验

1. 原理简介

装置具有自动重合闸功能,主要用于双母线接线场合。该功能只负责合闸,不担当保护跳闸选相。

装置可以实现单相重合闸、三相重合闸、禁止重合闸和停用重合闸 4 种重合闸方式,见表 6-4。

表 6-4   重 合 闸 方 式

序号	重合闸方式	整 定 方 式	功 能 说 明
1	单相重合闸	投入"单相重合闸"控制字	单相跳闸的单相重合闸方式。 单相故障单相跳闸时重合,多相故障进行三相跳闸不重合
2	三相重合闸	投入"三相重合闸"控制字	含有条件的特殊重合方式。 任何故障三相跳闸,未闭锁重合闸时允许重合
3	禁止重合闸	投入"禁止重合闸"控制字	禁止本装置重合,不沟通三相跳闸。允许单相跳闸。 有闭锁重合闸、低气压闭锁重合闸开入时沟通三相跳闸。对于单相重合闸情况,如需一套重合闸停运、一套重合闸投运,则停运重合闸的保护控制字置"禁止重合闸",或置"单相重合闸"且断开重合闸出口压板;对于三相重合闸情况,如需一套重合闸停运、一套重合闸投运,则停运重合闸的保护控制字置"禁止重合闸",或置"三相重合闸"且断开重合闸出口压板
4	停用重合闸	投入以下任一情况,即可实现停用重合闸方式:投入"停用重合闸"的控制字或软压板	投入停用重合闸后,既放电,又闭锁重合闸,并沟通三相跳闸;重合闸退出,实现任何故障三相跳闸不重合。 本线路不使用重合闸时,应置"停用重合闸"方式

在软件中,专门设置一个计数器,模仿"四统一"自动重合闸设计中电容器的充放电功能。重合闸的重合功能必须在"充电完成"后才能投入,同时点亮面板上的"充电完成"灯,未充满电时不允许重合,以避免多次重合闸。

(1)以下条件均满足时,充电计数器开始计数,模仿重合闸的充电功能:

1)断路器在"合闸"位置,即接入继电保护装置的跳闸位置继电器 TWJ 不动作。

2)未投入"停用重合闸"方式。

3)未投入"禁止重合闸"方式。

4)重合闸启动回路不动作。

5)没有低气压闭锁重合闸和闭锁重合闸开入。

(2)有如下条件之一,充电计数器清零,模仿重合闸放电的功能:

1)重合闸方式为"停用重合闸"或"禁止重合闸"。

2)重合闸在"单相重合闸"方式时保护动作三相跳闸,或断路器断开三相。

3）收到外部闭锁重合闸信号。

4）重合闸启动前，收到低气压闭锁重合闸信号，经 200ms 延时后"放电"（可以实现跳闸过程中压力暂时降低不闭锁重合闸的功能）。

5）重合闸动作命令发出的同时"放电"。

6）重合闸"充电"未满时，有跳闸位置 TWJ 开入或有保护动作。

7）重合闸启动过程中，跳开相有电流。

8）保护发跳闸的元件为不允许重合情况（如永跳等）。

9）装置故障告警。

（3）重合闸的启动。装置设有两个启动重合闸的回路：本保护跳闸启动以及 TWJ 启动重合闸。

1）本保护跳闸启动：如果单相故障，重合闸在单相重合闸计时过程中收到三相跳闸启动重合闸信号，将立即停止单相重合闸计时，并在三相跳闸启动重合闸返回时开始三相重合闸计时。保护启动重合闸可以区分单相跳闸还是三相跳闸，但装置还将根据三个跳位继电器触点进一步判别，防止三相跳闸按单相重合闸处理。装置内保护功能发出跳闸命令时，已经内部启动重合闸。

2）TWJ 启动重合闸：装置考虑了断路器位置不对应启动重合闸，主要用于断路器偷跳。装置利用三个跳位继电器触点启动重合闸，二次回路设计必须保证手跳时通过闭锁重合闸开入端子将重合闸"放电"。

TWJ 启动重合闸时，单相跳闸还是三相跳闸的判别全靠三个跳位触点输入。单相 TWJ 启动重合闸和三相 TWJ 启动重合闸可分别由控制字设定是否启动重合闸。如果控制字不投，单相断路器偷跳报"单相跳闸闭锁重合闸"，三相断路器偷跳报"三相跳闸闭锁重合闸"。

2. 试验方法

（1）单相重合闸。采用状态序列菜单进行单相重合闸试验。投入单相重合闸控制字、投入零序电流Ⅱ段保护，停用重合闸控制字和软压板置 0。

1）状态 1：充电状态，正常电压 57.740V，无电流，开关合位，持续 15.000s，见图 6-22。

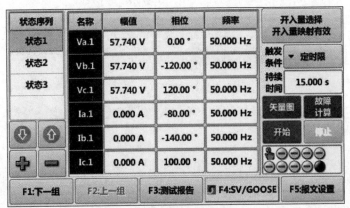

图 6-22　单相重合闸状态 1

2）状态 2：模拟 A 相接地故障，故障电流 6.300A，阻抗角 75°，持续 1.100s，见图 6-23。

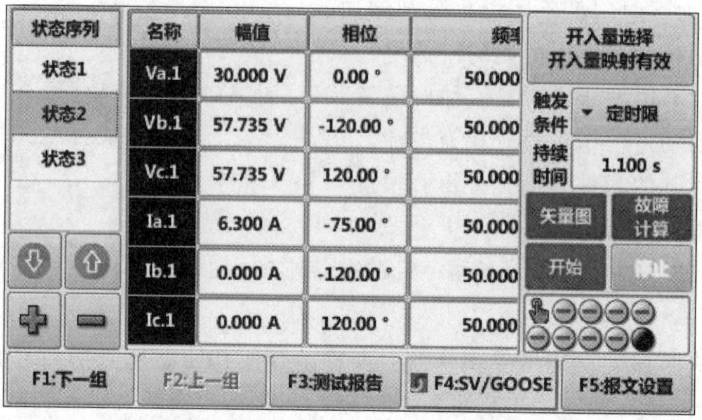

图 6-23　单相重合闸状态 2

3）状态 3：模拟重合态，正常电压 57.740V，无电流，开关分位，持续 1.100s，见图 6-24。

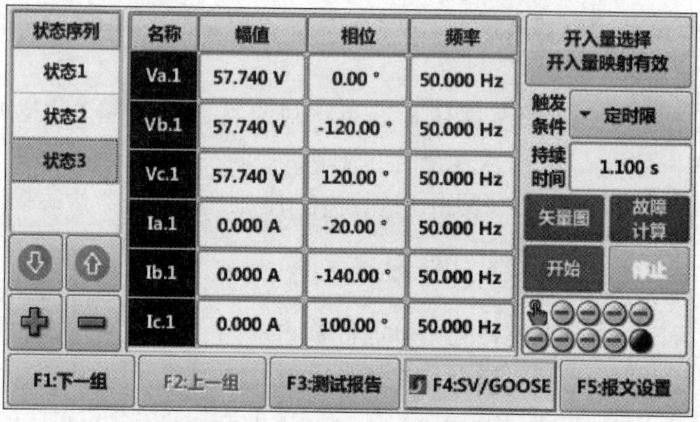

图 6-24　单相重合闸状态 3

装置报文：

3ms 保护启动

1016ms 零序过流Ⅱ段保护 $3I_0 = 6.280$A A 相

故障相电压 $U_A = 30.000$V　$U_B = 57.740$V　$U_C = 57.740$V

故障相电流 $I_A = 6.300$A　$I_B = 0.000$A　$I_C = 0.000$A　$3I_0 = 6.300$A

2125ms 单相跳闸启动重合闸

同理，如模仿相间短路，则重合闸不动作。

（2）单相 TWJ 启动重合闸。采用状态序列菜单进行单相 TWJ 启动重合闸试验。投入单相重合闸控制字、投入单相 TWJ 启动重合闸控制字，停用重合闸控制字和软压板置 0。

1）状态1：重合闸充电状态，正常电压57.740V，无电流，三相开关合位，持续15.000s，见图6-25和图6-26。

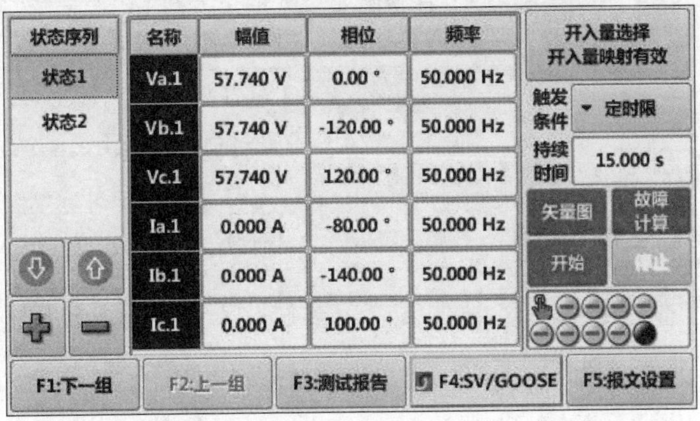

图6-25 单相TWJ重合闸状态1 SV部分

图6-26 单相TWJ重合闸状态1 GOOSE部分

2）状态2：模拟A相开关偷跳，利用测试仪发布GOOSE数据，使A相开关变分位。B相、C相保护合位不变，持续时间1.200s，见图6-27和图6-28。

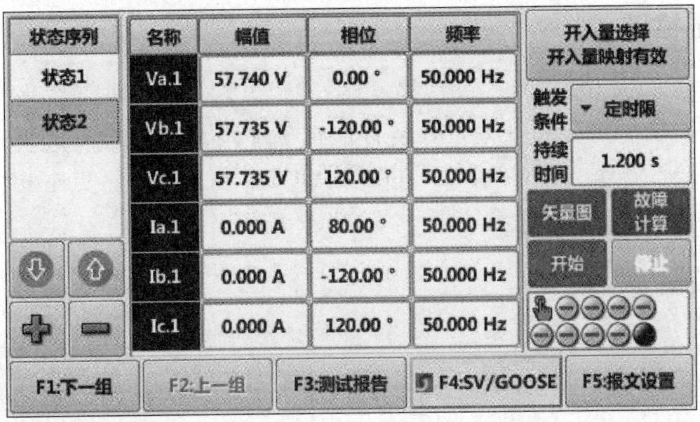

图6-27 单相TWJ重合闸状态2 SV部分

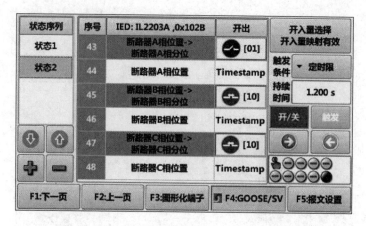

图 6 - 28 单相 TWJ 重合闸状态 2 GOOSE 部分

装置报文:

3ms 保护启动

5ms 单相不对应启重合

1012ms 重合闸动作

6.2 PCS - 931A 线路保护装置

6.2.1 模拟通道检查

6.2.1.1 零漂模拟检查

采用诺思谱瑞 CRX200 手持校验仪,采用与 103A 线路保护模拟通道测试相同的方法,加入相应模拟量,在装置中进入"模拟量"→"保护测量""启动测量"菜单,查看电压电流零漂值。

6.2.1.2 采样精度试验

用同样方法加入额定交流电压、电流,进入"模拟量"→"保护测量""启动测量"菜单,查看装置显示的采样值,显示值与实测的误差应不大于 5%。

6.2.2 开关量检查

进入"状态量"→"输入量"→"接点输入""纵联通道接收量"菜单查看各个开入量状态,投退各个功能压板和开入量,装置能正确显示当前状态。使用诺思谱瑞连接装置,进入手动试验,点击 SV/GOOSE,进入 GOOSE 发送页面,点击相应的开关量,开装置对应开关量状态是否发生变化。

6.2.3 保护校验

6.2.3.1 保护定值

以某条采用 PCS - 931A - DA - G 保护的线路为例,根据表 6 - 5~表 6 - 7 的定值单进行保护校验试验。

表 6-5   PCS-931A-DA-G 定值单

序号	定值名称	定值范围	单位	原定值	现定值
1	变化量启动电流定值	$(0.02 \sim 10.00)I_n$	A		0.12
2	零序启动电流定值	$(0.02 \sim 10.00)I_n$	A		0.12
3	差动动作电流定值	$(0.02 \sim 30.00)I_n$	A		0.23
4	线路正序容抗定值	$(40 \sim 60000)/I_n$	Ω		3900
5	线路零序容抗定值	$(40 \sim 60000)/I_n$	Ω		4680
6	本侧电抗器阻抗定值	$(40 \sim 60000)/I_n$	Ω		60000
7	本侧小电抗器阻抗定值	$(40 \sim 60000)/I_n$	Ω		60000
8	本侧识别码	$00000 \sim 65535$			48094
9	对侧识别码	$00000 \sim 65535$			48093
10	线路正序阻抗定值	$0.05 \sim 550.00$	Ω		7.4
11	线路正序灵敏角	$45 \sim 89$	(°)		82
12	线路零序阻抗定值	$0.05 \sim 550.00$	Ω		19
13	线路零序灵敏角	$45 \sim 89$	(°)		78
14	线路总长度	$0 \sim 655.35$	km		21
15	接地距离Ⅰ段定值	$0.05 \sim 200.00$	Ω		4
16	接地距离Ⅱ段定值	$0.05 \sim 200.00$	Ω		17
17	接地距离Ⅱ段时间	$0.01 \sim 10.00$	S		1(0.5)
18	接地距离Ⅲ段定值	$0.05 \sim 200.00$	Ω		20
19	接地距离Ⅲ段时间	$0.01 \sim 10.00$	S		2.4
20	相间距离Ⅰ段定值	$0.05 \sim 200.00$	Ω		5
21	相间距离Ⅱ段定值	$0.05 \sim 200.00$	Ω		17
22	相间距离Ⅱ段时间	$0.01 \sim 10.00$	S		1(0.5)
23	相间距离Ⅲ段定值	$0.05 \sim 200.00$	Ω		20
24	相间距离Ⅲ段时间	$0.01 \sim 10.00$	S		2.4
25	负荷限制电阻定值	$0.05 \sim 200.00$	Ω		31
26	零序过流Ⅱ段定值	$(0.02 \sim 30.00)I_n$	A		3
27	零序过流Ⅱ段时间	$0.01 \sim 10.00$	S		1
28	零序过流Ⅲ段定值	$(0.02 \sim 30.00)I_n$	A		0.12
29	零序过流Ⅲ段时间	$0.01 \sim 10.00$	S		3.5
30	零序过流加速段定值	$(0.02 \sim 30.00)I_n$	A		0.25
31	单相重合闸时间	$0.01 \sim 10.00$	S		1
32	三相重合闸时间	$0.01 \sim 10.00$	S		2
33	同期合闸角	$0 \sim 900$	(°)		20
34	TA断线后分相差动定值	$(0.04 \sim 30.00)I_n$	A		1
35	工频变化量阻抗	$(0.5 \sim 37.5)/I_n$	Ω		4
36	零序补偿系数 KZ	$0.00 \sim 2.00$			0.5

续表

序号	定值名称	定值范围	单位	原定值	现定值
37	接地距离偏移角	0、15、30	(°)		15
38	相间距离偏移角	0、15、30	(°)		0
39	振荡闭锁过流	$(0.04 \sim 30.00)I_n$	A		1

表 6 - 6 　　　　　　　　　PCS - 931A - DA - G 保护控制字

序号	控制字名称	控制字	原定值	现定值
1	通道一差动保护	0，1		1
2	通道二差动保护	0，1		0
3	TA 断线闭锁差动	0，1		1
4	通道一通信内时钟	0，1		1
5	通道二通信内时钟	0，1		1
6	电压取线路 TV 电压	0，1		0
7	振荡闭锁元件	0，1		1
8	距离保护Ⅰ段	0，1		1
9	距离保护Ⅱ段	0，1		]
10	距离保护Ⅲ段	0，1		1
11	零序电流保护	0，1		]
12	零序过流Ⅲ段经方向	0，1		1
13	三相跳闸方式	0，1		0
14	Ⅱ段保护闭锁重合闸	0，1		0
15	多相故障闭锁重合闸	0，1		1
16	重合闸检同期方式	0，1		0
17	重合闸检无压方式	0，1		0
18	单相重合闸	0，1		1
19	三相重合闸	0，1		0
20	禁止重合闸	0，1		0
21	停用重合闸	0，1		0
22	单相 TWJ 启动重合闸	0，1		1
23	三相 TWJ 启动重合闸	0，1		0
24	电流补偿	0，1		0
25	远跳受启动元件控制	0，1		1
26	工频变化量距离	0，1		1
27	负荷限制距离	0，1		1
28	三重加速距离保护Ⅱ段	0，1		1
29	三重加速距离保护Ⅲ段	0，1		1
30	加速联跳	0，1		1

表 6 － 7　　　　　　　　　　　　　**PCS － 931A － DA － G 功能软压板**

序号	定 值 名 称	定值范围	整 定 值
1	通道一差动保护	0，1	1
2	通道二差动保护	0，1	0
3	距离保护	0，1	1
4	零序过流保护	0，1	1
5	停用重合闸	0，1	0
6	远方投退压板	0，1	1
7	远方切换定值区	0，1	1
8	远方修改定值	0，1	1

6.2.3.2　纵联差动试验

1．原理简介

（1）变化量相差动继电器。动作方程为

$$\left.\begin{array}{l}\Delta I_{CD\Phi} > 0.75\Delta I_{R\Phi} \\ \Delta I_{CD\Phi} > I_H\end{array}\right\}$$
$$\Phi = A,B,C \tag{6-4}$$

式中　$\Delta I_{CD\Phi}$——工频变化量差动电流，即两侧电流变化量矢量和的幅值；

　　　$\Delta I_{R\Phi}$——工频变化量制动电流，即为两侧电流变化量的标量和；

　　　I_H——分相差动高定值。

当电容电流补偿投入时，I_H 为"1.5 倍差动电流定值"（整定值）和 1.5 倍实测电容电流的大值。

当电容电流补偿不投入时，I_H 为"1.5 倍差动电流定值"（整定值）和 4 倍实测电容电流的大值。实测电容电流由正常运行时未经补偿的差流获得。

（2）稳态 Ⅰ 段相差动继电器。动作方程为

$$\left.\begin{array}{l}I_{CD\Phi} > 0.6 I_{R\Phi} \\ I_{CD\Phi} > I_H\end{array}\right\}$$
$$\Phi = A,B,C \tag{6-5}$$

式中　$I_{CD\Phi}$——差动电流，为两侧电流矢量和的幅值；

　　　$I_{R\Phi}$——制动电流，为两侧电流矢量差的幅值。

（3）稳态 Ⅱ 段相差动继电器。动作方程为

$$\left.\begin{array}{l}I_{CD\Phi} > 0.6 I_{R\Phi} \\ I_{CD\Phi} > I_M\end{array}\right\}$$
$$\Phi = A,B,C \tag{6-6}$$

当电容电流补偿投入时，I_M 为"差动电流定值"（整定值）和 1.25 倍实测电容电流的大值；当电容电流补偿不投入时，I_M 为"差动电流定值"（整定值）和 1.5 倍实测电容电流的大值。

同时，稳态 Ⅱ 段相差动继电器经 25ms 延时动作。

（4）零序差动继电器。对于经高过渡电阻接地故障，采用零序差动继电器具有较高的灵敏度，由零序差动继电器通过低比率制动系数的稳态差动元件选相，构成零序差动继电器，经 40ms 延时动作。其动作方程为

$$\left.\begin{array}{c} I_{CD0} > 0.75I_{R0} \\ I_{CD0} > I_L \\ I_{CD\Phi} > 0.75I_{R\Phi} \\ I_{CD\Phi} > I_L \end{array}\right\} \tag{6-7}$$

$$\Phi = A, B, C$$

式中 I_{CD0}——零序差动电流，即为两侧零序电流矢量和的幅值；

I_{R0}——零序制动电流，即为两侧零序电流矢量差的幅值。

无论电容电流补偿是否投入，I_L 均为"差动电流定值"（整定值）和 1.25 倍实测电容电流的大值。

2. 试验方法

将装置单模光纤的接收"Rx"和发送"Tx"用尾纤短接，构成自发自收方式，将"通道一差动保护""通道一通信内时钟""单相重合闸"控制字均置 1，"电流补偿"控制字置 0，"本侧识别码"和"对侧识别码"整定为相同，通道异常灯不亮。投入通道一差动保护控制字和软压板。

（1）差动保护Ⅰ段校验。采用状态序列进行试验。

1）状态 1：模拟线路空载状态，正常电压 57.735V，无电流，开关合位，持续 15.000s。

2）状态 2：模拟 A 相故障。

$$m = 1.05 \text{ 时}, I = 1.05 \times 0.23 \times 0.5 \times 1.5 = 0.18 \text{(A)}$$

$$m = 0.95 \text{ 时}, I = 0.95 \times 0.23 \times 0.5 \times 1.5 = 0.16 \text{(A)}$$

故障电流 0.180A，阻抗角 82.00°，持续 0.050s，见图 6-29。

状态序列	名称	幅值	相位	频率	开入量选择 开入量映射有效
状态1	Va.1	30.000 V	0.00 °	50.000 Hz	
状态2	Vb.1	57.735 V	-120.00 °	50.000 Hz	触发条件 ▾ 定时限
状态3	Vc.1	57.735 V	120.00 °	50.000 Hz	持续时间 0.050 s
	Ia.1	0.180 A	-82.00 °	50.000 Hz	矢量图 故障计算
↓ ↑	Ib.1	0.000 A	-120.00 °	50.000 Hz	开始 停止
✚ ➖	Ic.1	0.000 A	120.00 °	50.000 Hz	
F1:下一组	F2:上一组	F3:测试报告	F4:SV/GOOSE	F5:报文设置	

图 6-29　差动保护Ⅰ段状态 2

3）状态 3：模拟故障后跳开状态，正常电压 57.740V，无电流，开关分位，持续 1.000s。

装置报文：

0000ms 保护启动

0023ms 电流差动保护

0023ms 故障相别A

0025ms A相跳闸动作

同样方法，当 $m=0.95$ 时差动保护Ⅱ段动作，动作时间 40ms 左右。

(2) 差动保护Ⅱ段试验。采用状态序列进行试验。

1) 状态1：模拟线路空载状态，正常电压 57.740V，无电流，开关合位，持续 15.000s。

2) 状态2：模拟A相故障。

$$m=1.05 \text{ 时}, I=1.05\times0.23\times0.5=0.12(A)$$
$$m=0.95 \text{ 时}, I=0.95\times0.23\times0.5=0.11(A)$$

故障电流 0.120A，阻抗角 82.00°，持续 0.050s，见图 6-30。

状态序列	名称	幅值	相位	频率	开入量选择 开入量映射有效
状态1	Va.1	30.000 V	0.00°	50.000 Hz	触发条件 ▾ 定时限
状态2	Vb.1	57.735 V	-120.00°	50.000 Hz	
状态3	Vc.1	57.735 V	120.00°	50.000 Hz	持续时间 0.050 s
	Ia.1	0.120 A	-82.00°	50.000 Hz	矢量图 故障计算
⬇ ⬆	Ib.1	0.000 A	-120.00°	50.000 Hz	开始 停止
➕ ➖	Ic.1	0.000 A	120.00°	50.000 Hz	
F1:下一组	F2:上一组	F3:测试报告	F4:SV/GOOSE	F5:报文设置	

图 6-30 差动保护Ⅱ段状态2

3) 状态3：模拟故障后跳开状态，正常电压 57.740V，无电流，开关分位，持续 1.000s。

装置报文：

0000ms 保护启动

0041ms 电流差动保护

0041ms 故障相别A

0042ms A相跳闸动作

同样方法，验证当 $m=0.95$ 时，差动保护不动作。

(3) 零序差动保护试验。采用状态序列进行试验。

1) 状态1：模拟模拟故障前状态，三相加大小为 $(0.9\times0.5\times I_{cdqd})$ 的电流。

$$I=0.9\times0.23\times0.5=0.1(A)$$

正常电压 57.740V，无电流，开关合位，持续 10.000s，见图 6-31。

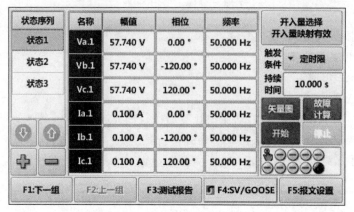

图 6-31 零序差动保护段状态 1

2）状态 2：模拟 A 相故障，A 相电流增大为 $(1.25 \times 0.5 \times I_{cdqd})$。$I = 1.25 \times 0.23 \times 0.5 = 0.14$ （A）

故障电流 0.140A，B、C 相电流为零，阻抗角 82.00°，持续 0.100s，见图 6-32。

状态序列	名称	幅值	相位	频率	开入量选择 开入量映射有效
状态1	Va.1	21.050 V	0.00 °	50.000 Hz	触发条件 ▾ 定时限
状态2	Vb.1	57.735 V	-120.00 °	50.000 Hz	持续时间 0.100 s
状态3	Vc.1	57.735 V	120.00 °	50.000 Hz	
	Ia.1	0.140 A	-82.00 °	50.000 Hz	矢量图　故障计算
⬇ ⬆	Ib.1	0.000 A	-120.00 °	50.000 Hz	开始　停止
✚ ➖	Ic.1	0.000 A	120.00 °	50.000 Hz	
F1:下一组	F2:上一组	F3:测试报告	F4:SV/GOOSE	F5:报文设置	

图 6-32 零序差动保护段状态 2

3）状态 3：模拟故障后跳开状态，正常电压 57.740V，无电流，开关分位，持续 1.000s。

装置报文：

0000ms　保护启动

0056ms　电流差动保护

0056ms　故障相别 A

0058ms　A 相跳闸动作

动作时间在 50ms 左右，从时间可以看出为零序差动保护。

6.2.3.3　距离保护试验

1. 原理简介

（1）接地距离继电器。

1）Ⅲ段接地距离继电器。

工作电压为

$$U_{OP\Phi} = U_\Phi - (I_\Phi + K \times 3I_0) \times Z_{ZD} \qquad (6-8)$$

极化电压为

$$U_{P\Phi} = -U_{1\Phi} \qquad (6-9)$$

$U_{P\Phi}$ 采用当前正序电压，非记忆量，这是因为接地故障时，正序电压主要由非故障相形成，基本保留了故障前的正序电压相位，因此，Ⅲ段接地距离继电器的特性与低压时的暂态特性完全一致，继电器有很好的方向性。

2）Ⅰ段、Ⅱ段接地距离继电器，为正序电压极化的方向阻抗继电器。

工作电压为

$$U_{OP\Phi} = U_\Phi - (I_\Phi + K \times 3I_0)Z_{ZD} \qquad (6-10)$$

极化电压为

$$U_{P\Phi} = -U_{1\Phi}e^{j\theta_1} \qquad (6-11)$$

Ⅰ段、Ⅱ段极化电压引入移相角 θ_1，其作用是在短线路应用时，将方向阻抗特性向第Ⅰ象限偏移，以扩大允许故障过渡电阻的能力。该继电器可测量很大的故障过渡电阻，但在对侧电源助增下可能超越，因而引入了零序电抗继电器以防止超越。

（2）零序电抗继电器。工作电压为

$$U_{OP\Phi} = U_\Phi - (I_\Phi + K \times 3I_0)Z_{ZD} \qquad (6-12)$$

极化电压为

$$U_{P\Phi} = -I_0Z_D \qquad (6-13)$$

式中 Z_D——模拟阻抗。

零序电抗特性对过渡电阻有自适应的特征。由带偏移角 θ_1 的方向阻抗继电器和零序电抗继电器两部分结合，同时动作时，Ⅰ段、Ⅱ段距离继电器动作，该距离继电器有很好的方向性，能测量很大的故障过渡电阻且不会超越。

（3）相间距离继电器。

1）Ⅲ段相间距离继电器。

工作电压为

$$U_{OP\Phi\Phi} = U_{\Phi\Phi} - I_{\Phi\Phi}Z_{ZD} \qquad (6-14)$$

极化电压为

$$U_{P\Phi\Phi} = -U_{1\Phi\Phi} \qquad (6-15)$$

继电器的极化电压采用正序电压，不带记忆。因相间故障其正序电压基本保留了故障前电压的相位；同时继电器有很好的方向性，三相短路时，由于极化电压无记忆作用，其动作特性为一过原点的圆，因此，不存在死区和母线故障失去方向性问题。

2）Ⅰ段、Ⅱ段距离继电器。

a. 由正序电压极化的方向阻抗继电器。

工作电压为

$$U_{OP\Phi\Phi} = U_{\Phi\Phi} - I_{\Phi\Phi}Z_{ZD} \qquad (6-16)$$

极化电压为

$$U_{P\Phi\Phi} = -U_{1\Phi\Phi}e^{j\theta_2} \qquad (6-17)$$

b. 电抗继电器。

工作电压为

$$U_{\mathrm{OP}\Phi\Phi} = U_{\Phi\Phi} - I_{\Phi\Phi}Z_{\mathrm{ZD}} \tag{6-18}$$

极化电压为

$$U_{\mathrm{P}\Phi\Phi} = -I_{\Phi\Phi}Z_{\mathrm{D}} \tag{6-19}$$

正方向故障时，若阻抗角为 90°，该继电器为与 R 轴平行的电抗继电器特性，实际的阻抗角为 78°，因此，该电抗特性下倾 12°，使送电端的保护受对侧助增而过渡电阻呈容性时不致超越。以上方向阻抗继电器与电抗继电器两部分结合，增强了在短线上使用时容许过渡电阻的能力。

2. 试验方法

(1) 接地距离 I 段保护。保护定值中"距离 I 段保护"控制字置 1，距离保护软压板置 1。采用状态序列采用状态序列进行试验，验证 $m=0.95$ 时可靠动作。

1) 状态 1：模拟线路空载状态，正常电压 57.740V，无电流，开关合位，持续10.000s。等待保护 TV 断线告警灯灭，重合闸充电灯亮。

2) 状态 2：模拟 A 相故障，A 相电流 5.000A 故障电压。

$$U_{\Phi} = m \times (1 + K_{\mathrm{Z}})I_{\mathrm{e}}Z_{\mathrm{set.p}}$$

$$m = 0.95 \text{ 时}, U_{\Phi} = 0.95 \times (1 + 0.5) \times 5 \times 5.6 = 39.9\text{(V)}$$

$$m = 1.05 \text{ 时}, U_{\Phi} = 1.05 \times (1 + 0.5) \times 5 \times 5.6 = 44.1\text{(V)}$$

设置电压为 39.900V，持续 0.100s，见图 6-33。

状态序列	名称	幅值	相位	频率	开入量选择 开入量映射有效
状态1	Va.1	39.900 V	0.00 °	50.000 Hz	触发 条件 ▾定时限
状态2	Vb.1	57.740 V	-120.00 °	50.000 Hz	
状态3	Vc.1	57.740 V	120.00 °	50.000 Hz	持续 时间 0.100 s
	Ia.1	5.000 A	-82.00 °	50.000 Hz	矢量图 故障 计算
⬇ ⬆	Ib.1	0.000 A	-120.00 °	50.000 Hz	开始 停止
➕ ➖	Ic.1	0.000 A	120.00 °	50.000 Hz	
F1:下一组	F2:上一组	F3:测试报告	F4:SV/GOOSE	F5:报文设置	

图 6-33 接地距离 I 段保护状态 2

3) 状态 3：模拟故障后跳开状态，正常电压 57.740V，无电流，开关分位，持续 1.000s。

装置报文：

0000ms 保护启动

0046ms 距离 I 段动作

0046ms 故障相别 A

0048ms A 相跳闸动作

同理，当 $m=1.05$ 或者电流角度相反时，保护不动作。

接地距离Ⅱ段、Ⅲ段保护与距离Ⅰ段保护相同，按照同样方法分别校验距离Ⅱ段、Ⅲ段保护，注意更改故障保护定值时间。

（2）相间距离Ⅰ段保护。保护定值中"相间保护Ⅰ段"控制字置 1，距离保护软压板置 1。采用状态序列采用状态序列进行试验。

1）状态 1：模拟线路空载状态，正常电压 57.740V，无电流，开关合位，持续 10.000s。等待保护 TV 断线报警灯灭，重合闸充电灯亮。

2）状态 2：模拟 A 相故障，A 相电流 5.000A 故障电压。

$$U_{\Phi\Phi} = 2mI_e Z_{set.pp}$$

$$m = 0.95 \text{ 时}, U_{\Phi\Phi} = 0.95 \times 2 \times 5 \times 5.6 = 53.2(\text{V})$$

$$U_B = U_C = \sqrt{\left(\frac{57.74}{2}\right)^2 + \left(\frac{53.2}{2}\right)^2} = 39.26(\text{V})$$

$$\varphi_1 = \varphi_2 = \arctan\left[\frac{\dfrac{U_{kbc}}{2}}{\dfrac{57.74}{2}}\right] = 42.7°$$

$$\varphi_B = 180° - 42.7° = 137.2°$$

同理，

$$m = 1.05 \text{ 时}, U_{\Phi\Phi} = 1.05 \times 2 \times 5 \times 5.6 = 58.8(\text{V})$$

$$U_B = U_C = \sqrt{\left(\frac{57.74}{2}\right)^2 + \left(\frac{58.8}{2}\right)^2} = 41.2(\text{V})$$

$$\varphi_1 = \varphi_2 = \arctan\left[\frac{\dfrac{U_{kbc}}{2}}{\dfrac{57.74}{2}}\right] = 45.52°$$

$$\varphi_B = 180° - 45.52° = 134.48°$$

$$\varphi_{IB} = -90° - 82° = -172°$$

$$\varphi_{IC} = 180° - 172° = 8°$$

所以当 $m=0.95$ 时设置电流电压及时间为：故障电流 5.000A，阻抗角 82.00°，持续 0.100s；电压 B 相电压为 39.260V，−137.20°；C 相电压 39.260V，137.20°；B 相电流为 5.000A，−172.00°；C 相电流为 5.000A，8.00°，见图 6 - 34。

3）状态 3：模拟故障后跳开状态，正常电压 57.740V，无电流，开关分位，持续 1.000s。

装置报文：

0000ms　保护启动

0046ms　距离Ⅰ段动作

0046ms　故障相别 BC

0048ms　ABC 相跳闸动作

同理，当 $m=1.05$ 或者电流角度相反时，保护不动作。

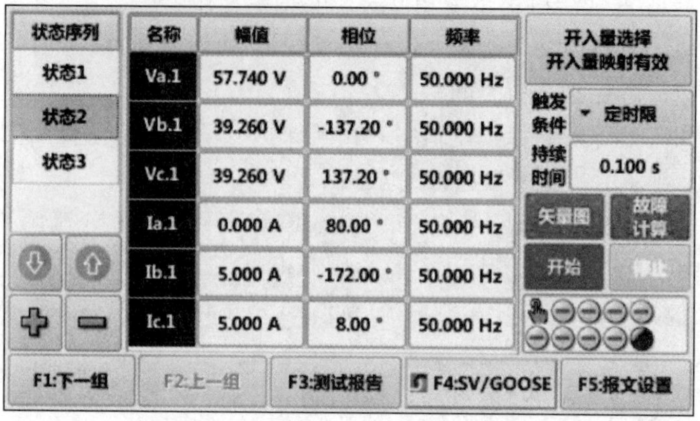

图 6-34 相间距离 Ⅰ 段保护状态 2

相间距离 Ⅱ 段、Ⅲ 段保护与距离 Ⅰ 段保护相同,按照同样方法分别校验距离 Ⅱ 段、Ⅲ 段保护,注意更改故障保护定值时间。

6.2.3.4 工频变化量距离保护试验

1. 保护原理

电力系统发生短路故障时,其短路电流、电压可分解为故障前负荷状态的电流电压分量和故障分量,反应工频变化量的继电器只考虑故障分量,不受负荷状态的影响。工频变化量距离继电器测量工作电压的工频变化量的幅值,其动作方程为

$$|\Delta U_{OP}| > U_Z$$

对相间故障,有

$$U_{OP\Phi\Phi} = U_{\Phi\Phi} - I_{\Phi\Phi}Z_{ZD} \quad (6-20)$$

对接地故障,有

$$U_{OP\Phi} = U_\Phi - (I_\Phi + K \times 3I_0)Z_{ZD} \quad (6-21)$$

式中 Z_{ZD}——整定阻抗,一般取 $0.8 \sim 0.85$ 倍线路阻抗;

U_Φ——动作门槛,取故障前工作电压的记忆量。

工频变化量距离阻抗继电器有较大的允许过渡电阻能力。当过渡电阻受对侧电源助增时,过渡电阻始终呈电阻性,因此,不存在由于对侧电流助增所引起的超越问题。对反方向短路,阻抗元件也有明确的方向性。

2. 试验方法

(1) 工频变化量接地保护。保护定值中"工频变化量保护"控制字置 1,距离保护软压板置 1。采用状态序列进行试验。

1) 状态 1:模拟线路空载状态,正常电压 57.740V,无电流,开关合位,持续 10.000s。等待保护 TV 断线告警灯灭。

2) 状态 2:模拟 A 相接地故障,故障电流 5.000A,阻抗角 82.00°,根据计算公式代入定值得

$m=0.9$ 时, $U_\Phi=(1+K)IZ_{set}+(1-1.05m)U_N=1.5\times5\times4+0.055\times57.74=33.18(V)$

$m=1.1$ 时, $U_\Phi=(1+K)IZ_{set}+(1-1.05m)U_N=1.5\times5\times4-0.155\times57.74=21.05(V)$

短路电流 5.000A，阻抗角 82.00°，设置电压为 21.050V，持续 0.100s，见图 6-35。

状态序列	名称	幅值	相位	频率	开入量选择 开入量映射有效
状态1	Va.1	21.050 V	0.00°	50.000 Hz	触发条件 ▾ 定时限
状态2	Vb.1	57.735 V	-120.00°	50.000 Hz	持续时间 0.100 s
状态3	Vc.1	57.735 V	120.00°	50.000 Hz	矢显图　故障计算
	Ia.1	5.000 A	-82.00°	50.000 Hz	开始　停止
⬇ ⬆	Ib.1	0.000 A	-120.00°	50.000 Hz	
➕ ➖	Ic.1	0.000 A	120.00°	50.000 Hz	
F1:下一组	F2:上一组		F3:测试报告	☐F4:SV/GOOSE	F5:报文设置

图 6-35 工频变化量接地保护状态 2

3）状态 3：模拟故障后跳开状态，正常电压 57.740V，无电流，开关分位，持续 1.000s。
装置报文：

0000ms　保护启动

0026ms　工频变化量距离动作

0026ms　故障相别 A

0028ms　A 相跳闸动作

同样方法，可验证 $m=0.9$ 时工频变化量距离不动作。

（2）工频变化量相间保护。保护定值中"工频变化量距离"控制字置 1，距离保护软压板置 1。采用状态序列进行试验。

1）状态 1：模拟线路空载状态，正常电压 57.740V，无电流，开关合位，持续 15.000s。等待保护 TV 断线告警灯灭，重合闸充电灯亮。

2）状态 2：模拟 BC 相间接地故障，故障电流 5.000A，阻抗角 82.00°，根据计算公式带入定值得

$m=0.9$ 时，$U_{\Phi\Phi}=2IZ_{set}+(1-1.05m)U_N=2\times5\times4+0.055\times57.74=43.18(\mathrm{V})$

$m=1.1$ 时，$U_{\Phi\Phi}=2IZ_{set}+(1-1.05m)U_N=2\times5\times4-0.155\times57.74=31.05(\mathrm{V})$

$$U_B=U_C=\sqrt{\left(\frac{57.74}{2}\right)^2+\left(\frac{31.05}{2}\right)^2}=32.78(\mathrm{V})$$

$$\varphi_1=\varphi_2=\arctan\left[\frac{\dfrac{U_{kbc}}{2}}{\dfrac{57.74}{2}}\right]=28.27°$$

$\varphi_B=180°-28.27°=151.73°$

$\varphi_{IB}=-90°-82°=-172°$

$\varphi_{IC}=180°-172°=8°$

故障电流 5.000A，阻抗角 82.00°，持续 0.100s。电压 B 相电压为 32.780V，$-151.73°$；

C 相电压 32.780V，151.73°；B 相电流为 5.000A，－172.00°；C 相电流为 5.000A，8.00°，
见图 6－36。

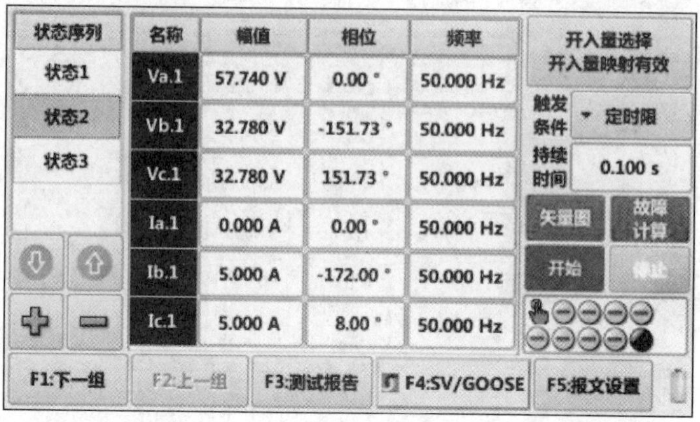

图 6－36 工频变化量相间保护状态 2

3）状态 3：模拟故障后跳开状态，正常电压 57.740V，无电流，开关分位，持续 1.000s。

装置报文：

0000ms 保护启动

0025ms 工频变化量距离动作

0025ms 故障相别 BC

0026ms ABC 相跳闸动作

同样方法，可验证当 $m=0.9$ 时，工频变化量保护不动作。

6.2.3.5 零序电流保护试验

1. 保护原理

当外接和自产零序电流均大于整定值时，零序启动元件动作并展宽 7s，去开放出口
继电器正电源。

（1）PCS－931 设置了两个带延时段的零序方向电流保护，不设置速跳的零序电流Ⅰ
段保护。零序电流Ⅱ段保护由零序正方向元件控制，零序电流Ⅲ段保护则由用户选择经或
不经方向元件控制。

（2）跳闸前零序电流Ⅲ段保护的动作时间为"零序电流Ⅲ段保护时间"，跳闸后零序
电流Ⅲ段保护的动作时间为"零序电流Ⅲ段保护时间－500ms"。

（3）TV 断线时，自动投入零序过流和相过流元件，两个元件经同一延时段出口。

（4）单相重合时零序加速时间延时为 60ms，手合和三相重合闸时加速时间延时为
100ms，其过流定值用零序电流加速段保护定值。

（5）当"零序电流保护"压板及控制字均投入时，零序过流加速元件投入。

（6）TV 断线零序过流元件和 TV 断线相过流元件受距离保护Ⅰ段、Ⅱ段、Ⅲ段控制
字"或门"控制，即上述控制字全为 0 时，TV 断线零序过流元件和 TV 断线相过流元件

退出。

2. 试验方法

（1）零序电流Ⅱ段保护。保护定值中零序电流保护控制字置1、零序电流保护软压板置1。采用状态序列菜单进行零序电流Ⅱ段保护试验。

1）状态1：模拟线路空载状态，正常电压57.740V，无电流，开关合位，持续10.000s。

2）状态2：模拟A相接地故障，零序Ⅱ电流段定值为3.000A，时间为1.000s，持续1.100s。

$$m = 1.05 \text{ 时}, I_A = 3 \times 1.05 = 3.15(A)$$
$$m = 0.95 \text{ 时}, I_A = 3 \times 0.95 = 2.85(A)$$

经过计算，$m = 1.05$ 时，故障电流为3.150A，输入参数，见图6-37。

状态序列	名称	幅值	相位	频率	开入量选择 开入量映射有效
状态1	Va.1	30.000 V	0.00°	50.000	触发条件 ▼ 定时限
状态2	Vb.1	57.735 V	-120.00°	50.000	持续时间 1.100 s
状态3	Vc.1	57.735 V	120.00°	50.000	矢量图 故障计算
	Ia.1	3.150 A	-78.00°	50.000	开始 停止
⬇ ⬆	Ib.1	0.000 A	-120.00°	50.000	
➕ ➖	Ic.1	0.000 A	120.00°	50.000	
F1:下一组	F2:上一组	F3:测试报告	F4:SV/GOOSE	F5:报文设置	

图6-37 零序电流Ⅱ段保护状态2

3）状态3：模拟故障后跳开状态，正常电压57.740V，无电流，开关分位，持续1.000s。

用同样方法，可验证当$m = 0.95$，或电流角度相反时，继电保护装置不动作。

装置报文：

0000ms 保护启动

1031ms 零序电流Ⅱ段保护动作

1031ms 故障相别A

1033ms A相跳闸动作

零序电流Ⅲ段保护验证方法与零序电流Ⅱ段保护相同。按照同样方法分别校验零序电流Ⅲ段保护，注意更改故障保护定值时间。

（2）零序加速段。采用状态序列菜单进行零序加速段试验。

1）状态1：模拟线路空载状态，正常电压57.740V，无电流，开关合位，持续10.000s，见图6-38。

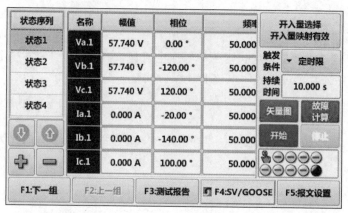

图 6-38 零序加速段保护状态 1

2）状态 2：模拟 A 相接地故障。

$$m = 1.05 \text{ 时}, I_A = 3 \times 1.05 = 3.15(A)$$

故障电流 3.150A，阻抗角 78.00°，持续 1.100s，见图 6-39。

状态序列	名称	幅值	相位	频率	开入量选择 开入量映射有效
状态1	Va.1	30.000 V	0.00 °	50.000	
状态2	Vb.1	57.735 V	-120.00 °	50.000	触发条件 ▾ 定时限
状态3	Vc.1	57.735 V	120.00 °	50.000	持续时间 1.100 s
	Ia.1	3.150 A	-78.00 °	50.000	矢量图 故障计算
⬇ ⬆	Ib.1	0.000 A	-120.00 °	50.000	开始 停止
➕ ➖	Ic.1	0.000 A	120.00 °	50.000	
F1:下一组	F2:上一组	F3:测试报告	F4:SV/GOOSE	F5:报文设置	

图 6-39 零序加速段保护状态 2

3）状态 3：模拟故障后跳开状态，正常电压 57.740V，无电流，持续 1.100s，见图 6-40。

状态序列	名称	幅值	相位	频率	开入量选择 开入量映射有效
状态1	Va.1	57.740 V	0.00 °	50.000	
状态2	Vb.1	57.740 V	-120.00 °	50.000	触发条件 ▾ 定时限
状态3	Vc.1	57.740 V	120.00 °	50.000	持续时间 1.100 s
状态4	Ia.1	0.000 A	-20.00 °	50.000	矢量图 故障计算
⬇ ⬆	Ib.1	0.000 A	-140.00 °	50.000	开始 停止
➕ ➖	Ic.1	0.000 A	100.00 °	50.000	
F1:下一组	F2:上一组	F3:测试报告	F4:SV/GOOSE	F5:报文设置	

图 6-40 零序加速段保护状态 3

4）状态4：模拟 A 相接地故障。

$$m = 1.05 \text{ 时}, I_A = 0.25 \times 1.05 = 0.26(A)$$

故障电流 0.260A，阻抗角 78.00°，持续 0.100s，见图 6-41。

状态序列	名称	幅值	相位	频率	
状态1	Va.1	30.000 V	0.00 °	50.000	开入量选择 开入量映射无效
状态2	Vb.1	57.740 V	-120.00 °	50.000	触发条件 ▾ 定时限
状态3	Vc.1	57.740 V	120.00 °	50.000	持续时间 0.100 s
状态4	Ia.1	0.260 A	-78.00 °	50.000	矢量图 故障计算
⬇ ⬆	Ib.1	0.000 A	-140.00 °	50.000	开始 停止
➕ ➖	Ic.1	0.000 A	100.00 °	50.000	
F1:下一组	F2:上一组	F3:测试报告	F4:SV/GOOSE	F5:报文设置	

图 6-41　零序加速段保护状态 4

装置报文：

0000ms　保护启动

1031ms　零序过流Ⅱ段保护动作

1031ms　故障相别 A

1033ms　A 相跳闸动作

2145ms　零序加速

6.2.3.6　重合闸试验

1. 保护原理

PCS931 装置重合闸为一次重合闸方式，可实现单相重合闸或三相重合闸；可根据故障的严重程度引入闭锁重合闸的方式。重合闸的启动方式有保护动作启动或开关位置不对应启动；当与其他产品一起使用有二套重合闸时，二套装置的重合闸可以同时投入，不会出现二次重合，与其他装置的重合闸配合时，可考虑仅投入一套重合闸。

三相重合时，可采用检线路无压重合闸或检同期重合闸，也可采用快速直接重合闸方式，检无压时，检查线路电压或母线电压小于 30V；检同期时，检查线路电压和母线电压大于 40V，且线路和母线电压间相位差在整定范围内。正常运行时，保护检测线路电压与母线 A 相电压的相角差，设为 Φ，检同期时，检测线路电压与母线 A 相电压的相角差是否在（Φ-定值）～（Φ+定值）范围内，因此不管线路电压用的是哪一相电压或相间电压，保护都能够自动适应。

重合闸方式由控制字决定，见表 6-8。

表6-8   重 合 闸 方 式

序号	重合闸方式	整定方式	备　　注
1	单相重合闸	0, 1	单相跳闸单相重合闸方式
2	三相重合闸	0, 1	三相跳闸三相重合方式
3	禁止重合闸	0, 1	仅放电,禁止本装置重合,不沟通三相跳闸
4	停用重合闸	0, 1	既放电,又闭锁重合闸,并沟通三相跳闸

单相重合闸、三相重合闸、禁止重合闸和停用重合闸有且只能有一项置"1",如不满足此要求,继电保护装置告警(报"重合方式整定错")并按停用重合闸处理。

2. 试验方法

单相重合闸。采用状态序列菜单进行单相重合闸试验。投入单相重合闸控制字、投入零序Ⅱ段保护,停用重合闸控制字和软压板置0。

1) 状态1:充电状态,正常电压57.740V,无电流,开关合位,持续15.000s,使保护告警灯灭,重合闸充电灯亮,见图6-42。

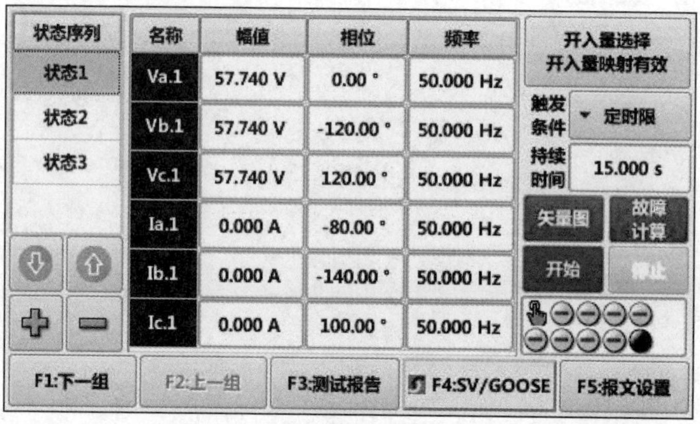

图6-42　单相重合闸状态1

2) 状态2:模拟A相接地故障,故障电流3.150A,阻抗角78.00°,持续1.100s,见图6-43。

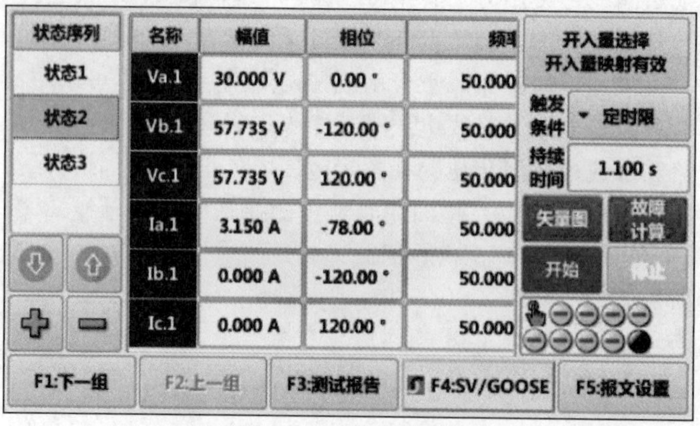

图6-43　单相重合闸状态2

3）状态 3：模拟重合态，正常电压 57.740V，无电流，开关分位，持续 1.100s，见图 6 - 44。

状态序列	名称	幅值	相位	频率	
状态1	Va.1	57.740 V	0.00 °	50.000 Hz	开入量选择 开入量映射有效
状态2	Vb.1	57.740 V	-120.00 °	50.000 Hz	触发条件 ▾ 定时限
状态3	Vc.1	57.740 V	120.00 °	50.000 Hz	持续时间 1.100 s
	Ia.1	0.000 A	-20.00 °	50.000 Hz	矢量图 故障计算
⬇ ⬆	Ib.1	0.000 A	-140.00 °	50.000 Hz	开始 停止
➕ ➖	Ic.1	0.000 A	100.00 °	50.000 Hz	
F1:下一组	F2:上一组	F3:测试报告	F4:SV/GOOSE	F5:报文设置	

图 6 - 44 单相重合闸状态 3

装置报文：

0000ms 保护启动

1031ms 零序过流 Ⅱ 段保护动作

1031ms 故障相别 A

1033ms A 相跳闸动作

2145ms 重合闸动作

同样方法，模拟区内两相或三相故障，保护应三相跳闸且不重合。

6.3 PSL－603U 线路保护装置

6.3.1 配置手持式继电保护测试仪

（1）打开测试仪主界面，选择"设置"，见图 6 - 45。

图 6 - 45 主界面

（2）进入"基本设置"菜单。

1）全站配置文件：选择变电站的 SCD 文件。

2）电压一次额定缺省值（kV）、电压二次额定缺省值（V）、电流一次额定缺省值（A）、电流二次额定缺省值（A）：依据所测项目设定电压和电流的一次、二次额定值。

3）GOOSE 置检修：设置 GOOSE 的检修状态，与继电保护装置的检修状态保持一致。

4）9-2 通道品质：设置 SV 的检修状态，与继电保护装置的检修状态保持一致。

其他的项目设置，按默认设置即可，见图 6-46。

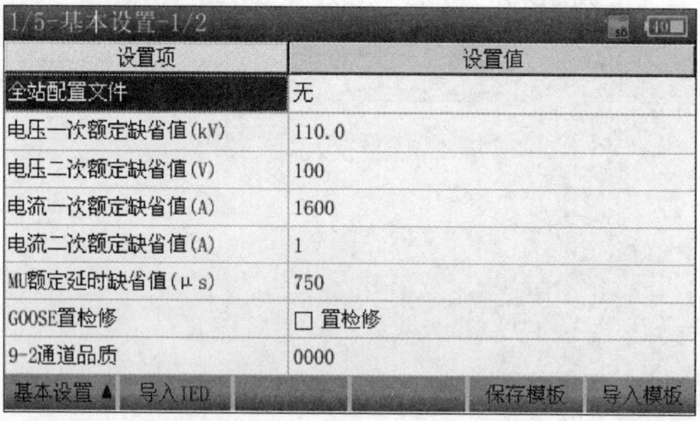

1/5-基本设置-1/2	
设置项	设置值
全站配置文件	无
电压一次额定缺省值(kV)	110.0
电压二次额定缺省值(V)	100
电流一次额定缺省值(A)	1600
电流二次额定缺省值(A)	1
MU额定延时缺省值(μs)	750
GOOSE置检修	□ 置检修
9-2通道品质	0000
基本设置 ▲　导入IED	保存模板　导入模板

图 6-46　基本设置

（3）将光标移到全站配置文件的设置值"无"，点击"Enter"，选择变电站的 SCD 文件，见图 6-47。

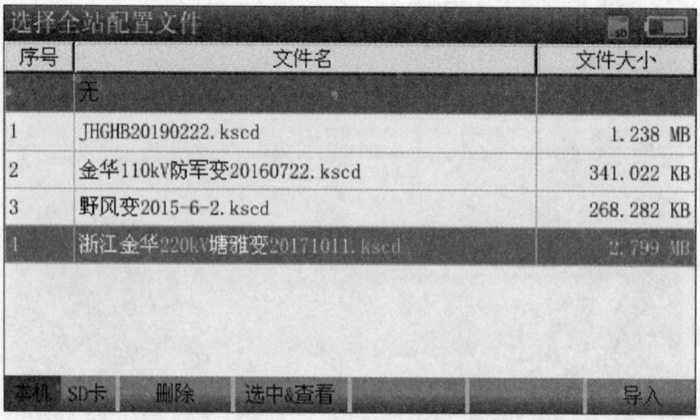

选择全站配置文件		
序号	文件名	文件大小
	无	
1	JHGHB20190222. kscd	1. 238 MB
2	金华110kV防军变20160722. kscd	341. 022 KB
3	野风变2015-6-2. kscd	268. 282 KB
1	浙江金华220kV塘雅变20171011. kscd	2. 799 MB
本机　SD卡　删除　选中&查看		导入

图 6-47　选择 SCD 文件

（4）选中 SCD 文件，点击"Enter"，见图 6-48。

设置项	设置值
全站配置文件	浙江金华220kV塘雅变20171011.kscd
电压一次额定缺省值(kV)	110.0
电压二次额定缺省值(V)	100
电流一次额定缺省值(A)	1600
电流二次额定缺省值(A)	1
MU额定延时缺省值(μs)	750
GOOSE置检修	□ 置检修
9-2通道品质	0000

1/5-基本设置-1/2

基本设置▲　导入IED　　　　　保存模板　导入模板

图 6-48　基本设置

（5）点击"导入IED"，见图 6-49，选中所需要校验的继电保护装置。

全站配置-IED列表-1/18

No.	名字	厂家	描述
CL2201	南瑞继保	220kV宾塘2Q20线测控	
PL2201A	北京四方	220kV宾塘2Q20线第一套保护	
IL2201A	北京四方	220kV宾塘2Q20线第一套智能终端	
ML2201A	北京四方	220kV宾塘2Q20线第一套合并单元	
PL2201B	南瑞继保	220kV宾塘2Q20线第二套保护	
IL2201B	南瑞继保	220kV宾塘2Q20线第二套智能终端	
ML2201B	南瑞继保	220kV宾塘2Q20线第二套合并单元	
CL2202	南瑞继保	220kV仙塘2U54线测控	

查找

图 6-49　IED列表

（6）点击"Enter"，点击"导入本IED"，见图 6-50，选择"作为被测对象导入"。

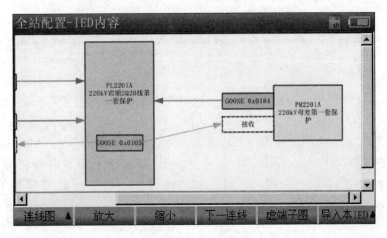

图 6-50　导入 IED

（7）点击"ESC"返回，点击"F1"，选中"SMV 发送设置"，点击"Enter"，见图 6 - 51。

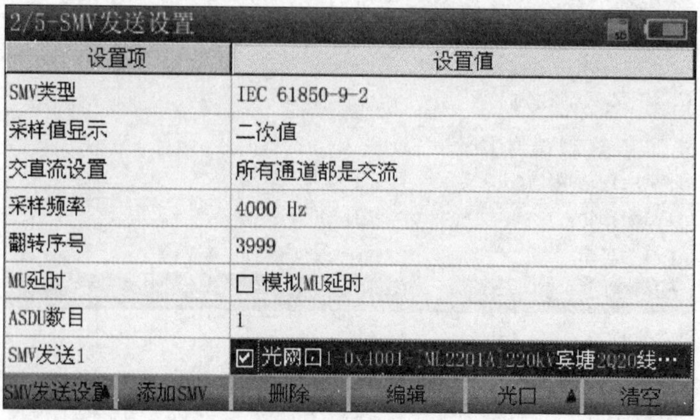

2/5-SMV发送设置	
设置项	设置值
SMV类型	IEC 61850-9-2
采样值显示	二次值
交直流设置	所有通道都是交流
采样频率	4000 Hz
翻转序号	3999
MU延时	□ 模拟MU延时
ASDU数目	1
SMV发送1	☑ 光网口1-0x4001-ML2201A-220kV宾塘2020线…
SMV发送设置	添加SMV 删除 编辑 光口 ▲ 清空

图 6 - 51 SMV 发送设置

（8）点击"光口"，设置 SV 报文从校验装置的哪个光口发出，选中 SMV 发送 1 的设置值，点击"编辑"，并切换到"通"的设置界面，见图 6 - 52，在"映射"一栏，设置测试中需要用到的电压、电流模拟量。

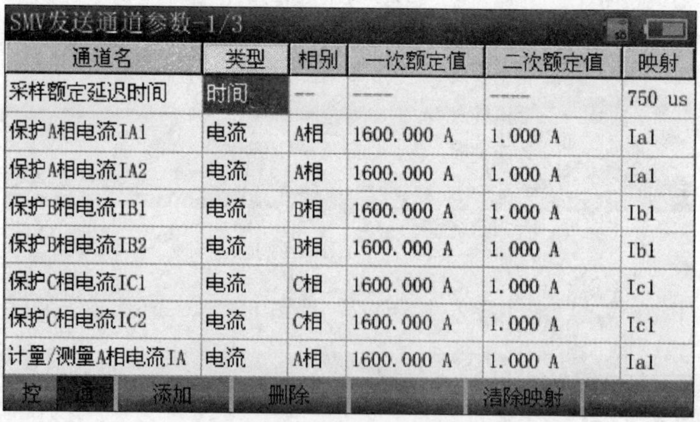

通道名	类型	相别	一次额定值	二次额定值	映射
采样额定延迟时间	时间	---			750 us
保护A相电流IA1	电流	A相	1600.000 A	1.000 A	Ia1
保护A相电流IA2	电流	A相	1600.000 A	1.000 A	Ia1
保护B相电流IB1	电流	B相	1600.000 A	1.000 A	Ib1
保护B相电流IB2	电流	B相	1600.000 A	1.000 A	Ib1
保护C相电流IC1	电流	C相	1600.000 A	1.000 A	Ic1
保护C相电流IC2	电流	C相	1600.000 A	1.000 A	Ic1
计量/测量A相电流IA	电流	A相	1600.000 A	1.000 A	Ia1

控 通 添加 删除 清除映射

图 6 - 52 通道参数设置

（9）点击"ESC"返回，点击"F1"，选中"GOOSE 发送设置"，见图 6 - 53，可以勾选所需要的模块。

（10）点击"光口"，设置 GOOSE 报文从校验装置的哪个光口发出。分别选中"GOOSE 发送 1""GOOSE 发送 2"，点击"编辑"，分别对两者进行相关设置，并切换到"通"的设置界面，见图 6 - 54。在"映射"一栏中，对所需的开入量进行命名。

（11）点击"ESC"，点击"F1"，选中"GOOSE 接收设置"，见图 6 - 55。

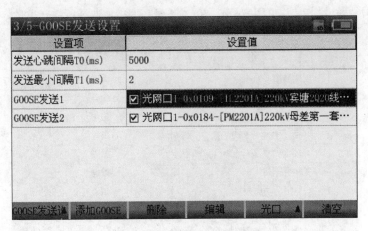

图 6-53 GOOSE 发送设置

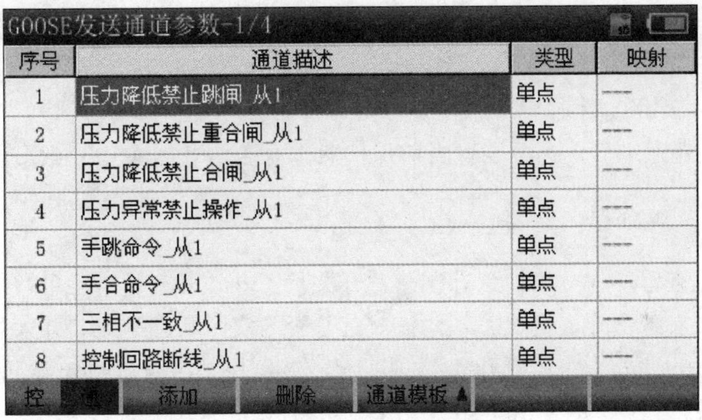

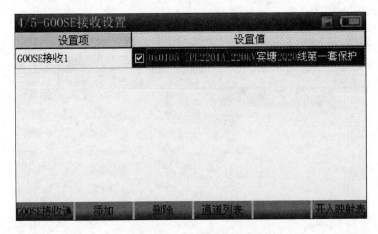

图 6-54 通道参数设置

图 6-55 GOOSE 接收设置

（12）点击"通道列表"，见图 6-56。在"映射"一栏，选择所需开出量，并对其命名。

序号	通道描述	类型	映射
1	跳A相	单点	D11
2	跳B相	单点	——
3	跳C相	单点	——
4	跳三相	单点	——
5	永跳	单点	——
6	GO开出6	单点	——
7	A相启动失灵	单点	——
8	B相启动失灵	单点	——

图 6-56 通道选择测试

6.3.2 通电检查

1. 保护版本及 TA 确定

继电保护装置通电后，查看装置当前保护版本是否与整定单中一致，以及装置的版本信息。

2. 开入检查

进入"信息查看"→"保护状态"→"开关量"→"开入量"菜单，投退各个功能压板和开入量，查看各个开入量状态，并核对其是否与实际状态一致。开入量主要包括三部分：①DIO 模件，此开入为弱电开入（DC24V，继电保护装置提供电源）；②HMI 模件，此开入为弱电开入（DC24V，继电保护装置提供电源）；③GOOSE 开入。

3. 模拟量通道检查

利用手持式继电保护测试仪输入交流电压和交流电流，具体配置如下：

（1）依据"6.3.1 配置手持式继电保护测试仪"一节，完成配置，回到主界面，选中"电压电流"，点击"Enter"，见图 6-57。依据校验规程，设置电压、电流的大小和幅值。

通道	幅值	相角	频率	步长
Ua1	57.700V	0.000°	50.000Hz	0.000V
Ub1	57.700V	-120.000°	50.000Hz	0.000V
Uc1	57.700V	120.000°	50.000Hz	0.000V
Ux1	100.000V	0.000°	50.000Hz	0.000V
Ia1	1.000A	0.000°	50.000Hz	0.000A
Ib1	1.000A	-120.000°	50.000Hz	0.000A
Ic1	1.000A	120.000°	50.000Hz	0.000A

图 6-57 电压、电流设置

（2）点击"发送 SMV"，在继电保护装置上查看电压、电流的采样值，计算其误差，判断是否满足规程要求。

4. 光纤通道检查

（1）继电保护装置监控页面左下角的"光纤 A"和"光纤 B"的示意灯为"绿色"，表示光纤物理通道连通，本侧有接收数据（但不能代表通道是否同步稳定）。

（2）继电保护装置没有通道异常告警报文，装置面板上"通道告警灯"不亮。

（3）进入 HMI 的主菜单"其他信息"→"光纤通道"观察表 6-9 的参数是否正确。

表 6-9 光 纤 通 道 参 数 表

序号	名 称	正常显示	说 明
1	通信稳定标志	通信稳态	表示该通道的通信是否稳定，若有丢帧或帧延迟或通信时间发生变化，则该标志为不稳定
2	采样同步标志	采样已同步	通道采样同步标志，若本侧和对侧的采样同步误差小于 $150\mu s$，则认为采样同步，否则为失步
3	本侧主从标志	主（从）	数据同步主端、从端设置
4	本侧主从标志	从（主）	数据同步主端、从端设置
5	通道延时	××	×× 实际通道延时时间，不包括通道发送和本侧的收发运行时间，单位为 μs
6	丢帧总数	0	通道丢帧总次数，每丢一次帧，计算一次丢帧次数
7	每分钟丢帧数	0	通道最近每分钟丢帧次数
8	误帧总数	0	通道帧长错误总数（不包括 CRC 错误）
9	每分钟误帧数	0	通道最近每分钟帧长次数

6.3.3 保护原理简介

1. 电流差动保护

纵联电流差动保护中设有"差动保护通道 A""差动保护通道 B"压板及"纵联差动保护"控制字，只有在两侧"差动保护通道 A"或"差动保护通道 B"软压板定值投入且"纵联差动保护"控制字置"1"时，差动继电器才投入。

常规电流差动继电器包括变化量相差动继电器、稳态相差动继电器和分相零序差动继电器三种。

（1）变化量相差动继电器，其动作方程为

$$\left.\begin{array}{c} \Delta I_{\text{op}.\Phi} > 0.8\Delta I_{\text{re}.\Phi} \\ \Delta I_{\text{op}.\Phi} > I_{\text{mk}}^{\text{H}} \end{array}\right\}, \quad \Phi = A、B、C \right\} \tag{6-22}$$

式中 $\Delta I_{\text{op}.\Phi}$ ——变化量相差动电流，取值为两侧相电流变化量矢量和的幅值 $|\Delta \dot{I}_{\text{m}.\Phi} + \Delta \dot{I}_{\text{n}.\Phi}|$；

$\Delta I_{\text{re}.\Phi}$ ——变化量相制动电流，取值为两侧相电流变化量矢量差的幅值 $|\Delta \dot{I}_{\text{m}.\Phi} - \Delta \dot{I}_{\text{n}.\Phi}|$；

I_{mk}^{H} ——变化量差动继电器的动作门槛，当"电流补偿"控制字置"1"，取值为

$2.5\max\left(I_{\text{C}}, \dfrac{U_{\text{n}}}{X_{\text{C}}}, I_{\text{dz}}\right)$，当其置"0"，取值为 $2.5\max(I_{\text{C}}, I_{\text{dz}})$；

I_C——线路实测电容电流，由正常运行时未经补偿的稳态差流获得；

X_C——线路正序容抗；

X_L——线路并联电抗；

I_{dz}——差动动作电流定值。

（2）稳态相差动继电器，其动作方程为

$$\left.\begin{array}{l} I_{op.\Phi} > 0.8 I_{re.\Phi} \\ I_{op.\Phi} > I_{mk}^{H} \end{array}\right\}, \quad \Phi = A、B、C 稳态 \text{I} 段 \tag{6-23}$$

$$\left.\begin{array}{l} I_{op.\Phi} > 0.6 I_{re.\Phi} \\ I_{op.\Phi} > I_{mk}^{M} \end{array}\right\}, \quad \Phi = A、B、C 稳态 \text{II} 段（延时 40ms 动作） \tag{6-24}$$

式中　$I_{op.\Phi}$——稳态差动电流，取值为两侧稳态相电流矢量和的幅值 $|\dot{I}_{m.\Phi} + \dot{I}_{n.\Phi}|$；

　　　　$I_{re.\Phi}$——稳态制动电流，取值两侧稳态相电流矢量差的幅值 $|\dot{I}_{m.\Phi} - \dot{I}_{n.\Phi}|$；

　　　　I_{mk}^{M}——稳态相差动继电器 II 段动作门槛，当 "电流补偿" 控制字置 "1"，取值

为 $1.5\max\left(I_C, \dfrac{U_n}{X_C}, I_{dz}\right)$，当其置 "0"，取值为 $1.5\max(I_C, I_{dz})$。

（3）分相零序差动继电器，其动作方程为

$$\left.\begin{array}{l} I_{op.0} > 0.8 I_{re.0} \\ I_{op.0} > I_{mk}^{L} \\ I_{op.\Phi} > 0.2 I_{re.\Phi} \\ I_{op.\Phi} > I_{mk}^{L} \end{array}\right\}, \quad \Phi = A、B、C \tag{6-25}$$

式中　$I_{op.0}$——零序差动电流，取值为两侧自产零序电流矢量和的幅值 $|\dot{I}_{m.0} + \dot{I}_{n.0}|$；

　　　　$I_{re.0}$——零序制动电流，取值为两侧自产零序电流矢量差的幅值 $|\dot{I}_{m.0} - \dot{I}_{n.0}|$；

　　　　I_{mk}^{L}——零序差动继电器动作门槛，取值为 $\max(I_C, I_{dz})$。

分相零序差动继电器只在单相接地故障时投入，动作延时为 100ms，当差流选相元件拒动时，延时 250ms 三相跳闸。

2. 距离保护

距离保护按回路配置，设有 Z_{bc}、Z_{ca}、Z_{ab} 三个相间距离继电器和 Z_a、Z_b、Z_c 三个接地距离继电器。

每个回路除了三段式距离外，还设有辅助阻抗元件，因此共有 24 个距离继电器。在全相运行时 24 个继电器同时投入，非全相运行时则只投入健全相的距离继电器，例如 A 相断开时只投入 Z_{bc}、Z_b 和 Z_c 回路的各段保护。

相间、接地距离继电器主要由偏移阻抗元件、全阻抗辅助元件、正序方向元件构成，其中接地距离继电器还有零序电抗器元件。

（1）接地距离保护。接地阻抗算法为

$$Z_{\Phi} = \frac{\dot{U}_{\Phi}}{\dot{I}_{\Phi} + K_z \cdot 3\dot{I}_0} \tag{6-26}$$

式中　K_z——零序补偿系数。

三段式的接地距离保护动作特性由偏移阻抗元件 $Z_{PY\Phi}$、零序电抗元件 $X_{0\Phi}$ 和正序方向元件 $F_{1\Phi}$ 组成（$\Phi=$ A,B,C），接地全阻抗辅助元件只是用于接地距离选相等功能。

（2）相间距离保护。相间阻抗算法为

$$Z_{\Phi\Phi}=\dot{U}_{\Phi\Phi}/\dot{I}_{\Phi\Phi} \tag{6-27}$$

式中　$\dot{U}_{\Phi\Phi}$——相间电压；

　　　$\dot{I}_{\Phi\Phi}$——相间回路电流。

三段式的相间距离由偏移阻抗元件 $Z_{PY\Phi\Phi}$ 和正序方向元件 $F_{1\Phi\Phi}$ 组成（$\Phi\Phi=$ BC，CA，AB），相间全阻抗辅助元件只是用于相间距离选相等功能。

3. 零序保护

设有两段定时限（零序Ⅱ段和Ⅲ段）和一段反时限零序电流保护。两段定时限功能投/退受零序保护控制字控制，零序反时限功能受零序反时限控制字控制。零序Ⅱ段保护和零序反时限保护固定带方向，零序Ⅲ段可以通过控制选择是否带方向；当发生 TV 断线后，零序Ⅱ段保护自动退出，零序反时限保护自动不带方向，零序Ⅲ段在 TV 断线后自动不带方向。

线路非全相运行期间零序Ⅱ段和零序反时限均退出，仅保留零序Ⅲ段作为非全相运行期间发生不对称故障的总后备保护。非全相运行期间零序Ⅲ段的动作时间比整定定值缩短 0.5s，若整定值小于 0.5s，则动作时间按整定值，非全相期间零序Ⅲ段自动不带方向。在合闸加速期间，零序Ⅱ段、Ⅲ段和零序反时限均退出，仅投入零序加速段保护。

6.3.4　实验调试方法

1. 保护装置的整定单

表 6-10 为某智能变电站某条 220kV 线路的线路保护整定单。

表 6-10　　　　　　　　　　　线 路 保 护 整 定 单

序号	定值名称	定值范围	单位	定值
1	变化量启动电流定值	0.050～2.500	A	0.15
2	零序启动电流定值	0.050～2.500	A	0.15
3	差动动作电流定值	0.050～10.000	A	0.4
4	本侧识别码	0～65535	—	47552
5	对侧识别码	0～65535	—	47551
6	线路正序阻抗定值	0.010～655.350	Ω	5.55
7	线路正序灵敏角	55.000～89.000	(°)	80
8	线路零序阻抗定值	0.010～655.350	Ω	14.49
9	线路零序灵敏角	55.000～89.000	(°)	75
10	线路正序容抗定值	8.000～6000.000	Ω	5000
11	线路零序容抗定值	8.000～6000.000	Ω	6000
12	线路总长度	0.000～655.350	km	25.8

续表

序号	定值名称	定值范围	单位	定值
13	接地距离Ⅰ段保护定值	0.010~125.000	Ω	3
14	接地距离Ⅱ段保护定值	0.010~125.000	Ω	10
15	接地距离Ⅱ段保护时间	0.010~10.000	s	1.3
16	接地距离Ⅲ段保护定值	0.010~125.000	Ω	12
17	接地距离Ⅲ段保护时间	0.010~10.000	s	2.5
18	相间距离Ⅰ段保护定值	0.010~125.000	Ω	4
19	相间距离Ⅱ段保护定值	0.010~125.000	Ω	10
20	相间距离Ⅱ段保护时间	0.010~10.000	s	1.3
21	相间距离Ⅲ段保护定值	0.010~125.000	Ω	12
22	相间距离Ⅲ段保护时间	0.010~10.000	s	2.5
23	负荷限制电阻保护定值	0.010~125.000	Ω	20
24	零序电流Ⅱ段保护定值	0.050~100.000	A	2.5
25	零序电流Ⅱ段保护时间	0.010~10.000	s	1
26	零序电流Ⅲ段保护定值	0.050~100.000	A	0.15
27	零序电流Ⅲ段保护时间	0.010~10.000	s	3.8
28	零序电流加速段定值	0.050~100.000	A	0.3
29	TV断线相过流定值	0.050~100.000	A	1
30	TV断线零序过流定值	0.050~100.000	A	0.5
31	TV断线过流时间	0.010~10.000	s	2
32	单相重合闸时间	0.010~10.000	s	1
33	三相重合闸时间	0.010~10.000	s	2
34	同期合闸角	0.000~90.000	°	20
35	电抗器阻抗定值	1.000~9000.000	Ω	9000
36	中性点电抗器阻抗定值	1.000~9000.000	Ω	9000
37	TA断线差动电流定值	0.050~100.000	A	1
38	对侧电抗器阻抗定值	1.000~9000.000	Ω	9000
39	对侧中性点电抗器阻抗定值	1.000~9000.000	Ω	9000
40	快速距离阻抗定值	0.100~125.000	Ω	3
41	零序电抗补偿系数 K_X	−10.000~10.000		0.5
42	零序电阻补偿系数 K_R	−10.000~10.000		1

2. 保护定值校验

(1)纵联电流差动保护定值校验。将CPU模件（NO.2-CPUA）上的光端机"光收1""光发1"用尾纤短接，构成自发自收方式，将本侧识别码、对侧识别码整定成一致，将"电流补偿"控制字置"0"；将"纵联差动保护""单相重合闸"控制字置"1"，"三相重合闸""禁止重合闸""停用重合闸"控制字置"0"；投入"主保护"硬压板，投入"差动保护通道 A"、"差动保护通道 B"软压板，退出"停用重合闸"软压板；

1）故障量计算。模拟单相接地故障，使得故障电流为 $I=0.5X_{\mathrm{S}}I_{\mathrm{dz}}$（$I_{\mathrm{dz}}$ 为差动动作电流定值）。

当 $X_{\mathrm{S}}=0.95$ 时，$I=0.5\times0.95\times0.4=0.19$（A），此时继电保护装置可靠不动作。

当 $X_{\mathrm{S}}=1.05$ 时，$I=0.5\times1.05\times0.4=0.21$（A），此时继电保护装置可靠动作。

当 $X_{\mathrm{S}}=1.2$ 时，$I=0.5\times1.2\times0.4=0.24$（A），此时测试继电保护装置动作时间。

2）继保测试仪配置。关于测试仪的部分配置见"6.3.1 配置手持式继电保护测试仪"，配置完成后，具体操作方式如下（以 B 相发生单相接地故障为例）：

a. 返回主机面，选择"状态序列"，点击"Enter"，见图 6-58。

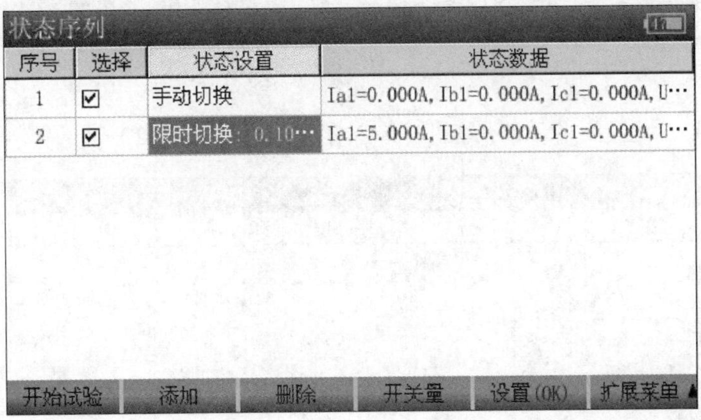

序号	选择	状态设置	状态数据
1	☑	手动切换	Ia1=0.000A, Ib1=0.000A, Ic1=0.000A, U···
2	☑	限时切换：0.10···	Ia1=5.000A, Ib1=0.000A, Ic1=0.000A, U···

开始试验　添加　删除　开关量　设置(OK)　扩展菜单 ▲

图 6-58　状态序列设置

b. 第一个状态设置为"手动切换"，状态 1 数据设置见图 6-59。

通道	幅值	相角	频率
Ua1	57.750V	0.000°	50.000Hz
Ub1	57.750V	-120.000°	50.000Hz
Uc1	57.750V	120.000°	50.000Hz
Ux1	0.000V	0.000°	50.000Hz
Ia1	0.000A	-120.000°	50.000Hz
Ib1	0.000A	-240.000°	50.000Hz
Ic1	0.000A	0.000°	50.000Hz

设置　上一状态　下一状态　通道映射　故障计算　谐波设置

图 6-59　状态 1 数据设置

c. 第二个状态设置为"限时切换"，状态时间设置为"1400ms"，状态数据中的 B 相电流 I_{b1} 依次设置 0.190A、0.210A 和 0.240A，见图 6-60，点击"开始实验"，观察继电保护装置的动作情况，查看校验装置的实验结果，记录相关开出量的动作时间。

图 6-60 状态 2 数据设置

d. 第三个状态设置为"手动切换",状态 3 数据设置见图 6-61。

图 6-61 状态 3 数据设置

3)测试结果。继电保护装置动作时,装置的报文显示:

0000ms 保护启动

22ms 纵差保护出口

22ms 保护 B 跳出口

1031ms 保护重合闸出口

装置的指示灯显示:跳 B 相、重合闸。

(2)接地距离保护定值校验(以接地距离Ⅱ段保护阻抗定值校验为例)。将"距离保护Ⅰ段""距离保护Ⅱ段""距离保护Ⅲ段""单相重合闸"控制字置"1","三相重合闸""禁止重合闸""停用重合闸"控制字置"0";投入"距离保护"硬压板,退出"停用重合闸"软压板。

1)故障量计算。加入故障电流 $I_N=1A$、故障电压为

$$U = X_S \times (1+K_Z) \times I_N \times Z_{ZDⅡ} \tag{6-28}$$

其中
$$K_Z = \left| K_R \cos^2\varphi + K_X \sin^2\varphi + j\,\frac{1}{2}(K_X - K_R)\sin 2\varphi \right|$$

式中　$Z_{ZD\,II}$——接地距离 II 段阻抗定值；

　　　K_Z——零序阻抗补偿系数，其值可由整定的零序电抗补偿系数 K_X、零序电阻补偿系数 K_R 和线路正序灵敏角 φ 计算得出。

当 $X_S = 0.95$ 时，$U = 0.95 \times (1 + 0.522) \times 1 \times 10 = 14.46(\text{V})$，此时继电保护装置可靠动作。

当 $X_S = 1.05$ 时，$U = 1.05 \times (1 + 0.522) \times 1 \times 10 = 15.98(\text{V})$，此时继电保护装置可靠不动作。

当 $X_S = 0.7$ 时，$U = 0.7 \times (1 + 0.522) \times 1 \times 10 = 10.65(\text{V})$，此时测试继电保护装置动作时间。

2）继保测试仪配置。关于测试仪的部分配置见"6.3.1 配置手持式继电保护测试仪"，配置完成后，具体操作方式如下（以 B 相发生单相接地故障为例）：

a. 返回主机面，选择"状态序列"，点击"Enter"，见图 6-62。

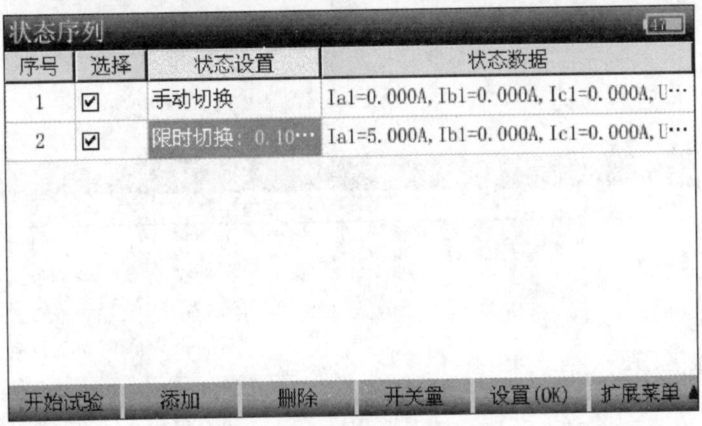

图 6-62　状态序列设置

b. 第一个状态设置为"手动切换"，状态 1 数据设置见图 6-63。

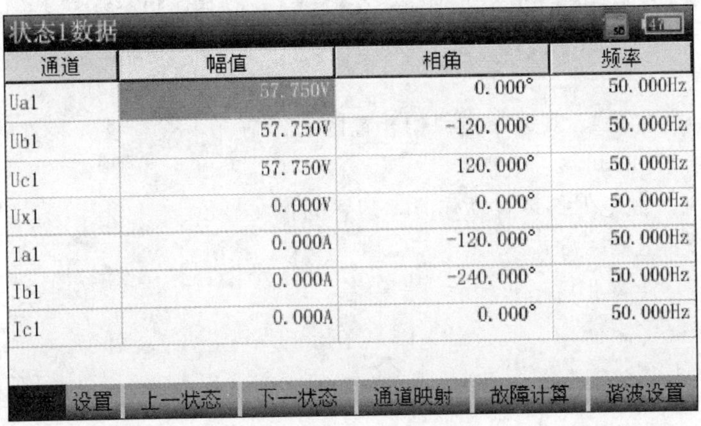

图 6-63　状态 1 数据设置

c. 第二个状态设置为"限时切换",状态时间设置为"1400ms",状态数据中的 B 相电压 U_{b1} 依次设置 14.460∠−120.000°V、15.980∠−120.000°V 和 10.650∠−120.000°V,I_{b1} 保持 1.000∠−200.000°A 不变,见图 6 - 64。

通道	幅值	相角	频率
Ua1	57.700V	0.000°	50.000Hz
Ub1	14.460V	−120.000°	50.000Hz
Uc1	57.700V	120.000°	50.000Hz
Ux1	0.000V	0.000°	50.000Hz
Ia1	0.000A	0.000°	50.000Hz
Ib1	1.000A	−200.000°	50.000Hz
Ic1	0.000A	0.000°	50.000Hz

数据　设置　上一状态　下一状态　通道映射　故障计算　谐波设置

图 6 - 64　状态 2 数据设置

d. 第三个状态设置为"手动切换",状态 3 数据设置见图 6 - 65。

通道	幅值	相角	频率
Ua1	57.700V	0.000°	50.000Hz
Ub1	57.700V	−120.000°	50.000Hz
Uc1	57.700V	120.000°	50.000Hz
Ux1	0.000V	0.000°	50.000Hz
Ia1	0.000A	0.000°	50.000Hz
Ib1	0.000A	0.000°	50.000Hz
Ic1	0.000A	0.000°	50.000Hz

数据　设置　上一状态　下一状态　通道映射　故障计算　谐波设置

图 6 - 65　状态 3 数据设置

e. 点击"开始实验",观察继电保护装置的动作情况,查看校验装置的实验结果,记录相关开出量的动作时间。

3) 测试结果。继电保护装置动作时,装置的报文显示:

0000ms　保护启动

1335ms　接地距离Ⅱ段保护动作

1335ms　保护 B 跳出口

2340ms　保护重合闸出口

装置的指示灯显示：跳 B 相、重合闸。

（3）相间距离保护定值校验（以相间距离 Ⅰ 段保护阻抗定值校验为例）。将"距离保护 Ⅰ 段""距离保护 Ⅱ 段""距离保护 Ⅲ 段""单相重合闸"控制字置"1"，"三相重合闸""禁止重合闸""停用重合闸"控制字置"0"；投入"距离保护"硬压板，退出"停用重合闸"软压板。

1）故障量计算（以 A、B 相发生短路故障为例）。加入故障电流 $I_N = 1A$，故障相间电压为

$$U = 2X_S \times I_N \times Z_{ZDI}$$

式中 Z_{ZDI}——相间距离 Ⅰ 段保护阻抗定值；

φ_1——正序阻抗灵敏角。

当 $X_S = 0.95$ 时，$U_{AB} = 2 \times 0.95 \times 1 \times 4 = 7.6$（V）

$$U_A = U_B = \sqrt{\left(\frac{U_C}{2}\right)^2 + \left(\frac{U_{AB}}{2}\right)^2} = 29.10 (V)$$

$$\varphi = 2\arctan\left(\frac{U_{AB}}{U_C}\right) = 15.0°$$

由图 6-66 可知

$\dot{U}_A = 29.1 \angle -172.5° V$ $\dot{I}_A = 1 \angle -170° A$

$\dot{U}_B = 29.1 \angle 172.5° V$ $\dot{I}_B = 1 \angle 10° A$

$\dot{U}_C = 57.7 \angle 0° V$ $\dot{I}_C = 0 A$

此时继电保护装置可靠动作。

当 $X_S = 1.05$ 时，$U_{AB} = 2 \times 1.05 \times 1 \times 4 = 8.4$（V）

同上可得

$\dot{U}_A = 29.15 \angle -171.7° V$ $\dot{I}_A = 1 \angle -170° A$

$\dot{U}_B = 29.15 \angle 171.7° V$ $\dot{I}_B = 1 \angle 10° A$

$\dot{U}_C = 57.7 \angle 0° V$ $\dot{I}_C = 0 A$

此时继电保护装置可靠不动作。

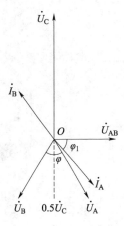

图 6-66 电压电流矢量图

当 $X_S = 0.7$ 时，$U_{AB} = 2 \times 0.7 \times 1 \times 4 = 5.6$（V）

同上可得

$\dot{U}_A = 29.00 \angle -174.5° V$ $\dot{I}_A = 1 \angle -170° A$

$\dot{U}_B = 29.00 \angle 174.5° V$ $\dot{I}_B = 1 \angle 10° A$

$\dot{U}_C = 57.7 \angle 0° V$ $\dot{I}_C = 0 A$

此时测试继电保护装置动作时间。

2）继保测试仪配置。关于测试仪的部分配置见"6.3.1 配置手持式继电保护测试仪"，配置完成后，具体操作方式如下（以 A、B 相发生短路故障为例）：

a. 返回主机面，选择"状态序列"，点击"Enter"，见图 6-67。

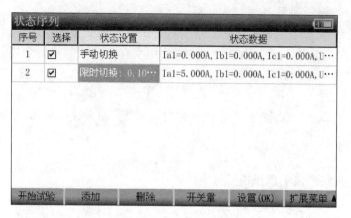

图 6-67 状态序列设置

b. 第一个状态设置为"手动切换",状态 1 数据设置见图 6-68。

通道	幅值	相角	频率
Ua1	57.750V	0.000°	50.000Hz
Ub1	57.750V	-120.000°	50.000Hz
Uc1	57.750V	120.000°	50.000Hz
Ux1	0.000V	0.000°	50.000Hz
Ia1	0.000A	-120.000°	50.000Hz
Ib1	0.000A	-240.000°	50.000Hz
Ic1	0.000A	0.000°	50.000Hz

状态1数据

变量 设置 上一状态 下一状态 通道映射 故障计算 谐波设置

图 6-68 状态 1 数据设置

c. 第二个状态设置为"限时切换",状态时间设置为"100ms",状态数据中的三相电压电流的幅值和角度分别按前文的"故障量计算"设置,见图 6-69。

通道	幅值	相角	频率
Ua1	29.100V	-172.500°	50.000Hz
Ub1	29.100V	172.500°	50.000Hz
Uc1	57.700V	0.000°	50.000Hz
Ux1	0.000V	0.000°	50.000Hz
Ia1	1.000A	-170.000°	50.000Hz
Ib1	1.000A	10.000°	50.000Hz
Ic1	0.000A	0.000°	50.000Hz

状态2数据

设置 上一状态 下一状态 通道映射 故障计算 谐波设置

图 6-69 状态 2 数据设置

d. 第三个状态设置为"手动切换",状态 3 数据设置见图 6-70。

通道	幅值	相角	频率
Ua1	57.700V	0.000°	50.000Hz
Ub1	57.700V	-120.000°	50.000Hz
Uc1	57.700V	120.000°	50.000Hz
Ux1	0.000V	0.000°	50.000Hz
Ia1	0.000A	0.000°	50.000Hz
Ib1	0.000A	0.000°	50.000Hz
Ic1	0.000A	0.000°	50.000Hz

状态3数据

操作　设置　上一状态　下一状态　通道映射　故障计算　谐波设置

图 6-70 状态 3 设置

e. 点击"开始实验",观察继电保护装置的动作情况,查看校验装置的实验结果,记录相关开出量的动作时间。

3)测试结果。继电保护装置动作时,装置的报文显示:

0000ms 保护启动

39ms 相间距离Ⅰ段保护动作

39ms 保护三相跳闸出口

装置的指示灯显示:跳 A 相、跳 B 相、跳 C 相。

(4)零序保护定值校验(以零序Ⅲ段保护方向动作区、灵敏角校验为例)。将"零序电流保护""零序过流Ⅲ段保护经方向""单相重合闸"控制字置"1","三相重合闸""禁止重合闸""停用重合闸"控制字置"0";投入"零序过流保护"硬压板,退出"停用重合闸"软压板。

1)故障量计算(以 A 相发生接地短路故障为例)。见图 6-71,假如

$$\dot{U}_A = 10\angle 0°V \qquad \dot{I}_A = X_S \dot{I}_{0ⅢZD}$$

$$\dot{U}_B = 57.7\angle -120°V \quad \dot{I}_B = 0A$$

$$\dot{U}_C = 57.7\angle 120°V \quad \dot{I}_C = 0A$$

式中 $\dot{I}_{0ⅢZD}$——零序Ⅲ段保护电流定值。

当 $X_S = 1.05$ 时,$I_A = 0.16A$,其角度从 $-175°$ 增加到 $15°$ 为保护动作区,继电保护装置可靠动作,其他为非动作区,继电保护装置可靠不动作。

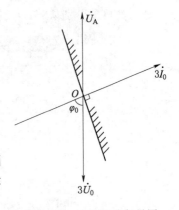

图 6-71 电压电流矢量图

2)继保测试仪配置。关于测试仪的部分配置见"6.3.1 配置手持式继电保护测试仪",配置完成后,具体操作方式如下(以 A 相发生接地短路故障为例):

a. 返回主机面,选择"状态序列",点击"Enter",见图 6-72。

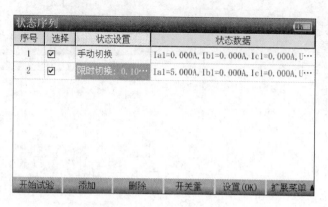

图 6-72 状态序列设置

b. 第一个状态设置为"手动切换",状态 1 数据设置见图 6-73。

通道	幅值	相角	频率
Ua1	57.750V	0.000°	50.000Hz
Ub1	57.750V	-120.000°	50.000Hz
Uc1	57.750V	120.000°	50.000Hz
Ux1	0.000V	0.000°	50.000Hz
Ia1	0.000A	-120.000°	50.000Hz
Ib1	0.000A	-240.000°	50.000Hz
Ic1	0.000A	0.000°	50.000Hz

状态 1 数据

数据 设置 上一状态 下一状态 通道映射 故障计算 谐波设置

图 6-73 状态 1 数据设置

c. 第二个状态设置为"限时切换",状态时间设置为"3900ms",状态数据中的 $I_A=0.16A$,其角度分别从 -178° 增加到 -170°,从 18° 减小到 10°,见图 6-74。

通道	幅值	相角	频率
Ua1	10.000V	0.000°	50.000Hz
Ub1	57.700V	-120.000°	50.000Hz
Uc1	57.700V	120.000°	50.000Hz
Ux1	0.000V	0.000°	50.000Hz
Ia1	0.160A	-175.000°	50.000Hz
Ib1	0.000A	0.000°	50.000Hz
Ic1	0.000A	0.000°	50.000Hz

状态 2 数据

数据 设置 上一状态 下一状态 通道映射 故障计算 谐波设置

图 6-74 状态 2 数据设置

d. 第三个状态设置为"手动切换",状态 3 数据设置见图 6-75。

通道	幅值	相角	频率
Ua1	57.700V	0.000°	50.000Hz
Ub1	57.700V	-120.000°	50.000Hz
Uc1	57.700V	120.000°	50.000Hz
Ux1	0.000V	0.000°	50.000Hz
Ia1	0.000A	0.000°	50.000Hz
Ib1	0.000A	0.000°	50.000Hz
Ic1	0.000A	0.000°	50.000Hz

状态3数据

设置　上一状态　下一状态　通道映射　故障计算　谐波设置

图 6-75　状态 3 数据设置

e. 点击"开始实验",观察继电保护装置的动作情况,如果继电保护装置不动作,逐渐改变 A 相电流的角度,直至继电保护装置动作,查看校验装置的实验结果,记录相关开出量的动作时间。

3) 测试结果。通过对动作边界的测试,当 I_A 的角度由-174°增加到-173°、由 13°减小至 12°时,继电保护装置的报文显示:

0000ms　保护启动

3836ms　零序过流Ⅲ保护动作

4847ms　重合闸出口

装置指示灯显示:跳 A 相、重合闸动作。

(5) 重合加速距离Ⅰ段校验。将"距离保护Ⅰ段""距离保护Ⅱ段""距离保护Ⅲ段""单相重合闸"控制字置"1","三相重合闸""禁止重合闸""停用重合闸"控制字置"0";投入"距离保护"硬压板,退出"停用重合闸"软压板。

1) 故障量计算。相应的计算方法与"接地距离保护定值校验"节类似,在此不再赘述。

2) 继保测试仪配置。关于测试仪的部分配置见"6.3.1 配置手持式继电保护测试仪",配置完成后,具体操作方式如下(以 A 相发生接地短路故障为例):

a. 返回主机面,选择"状态序列",点击"Enter",见图 6-76。

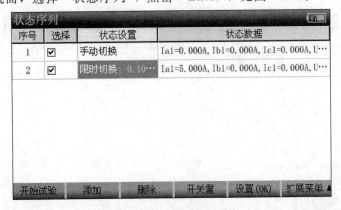

序号	选择	状态设置	状态数据
1	☑	手动切换	Ia1=0.000A, Ib1=0.000A, Ic1=0.000A, U…
2	☑	限时切换　0.10…	Ia1=5.000A, Ib1=0.000A, Ic1=0.000A, U…

状态序列

开始试验　添加　删除　开关量　设置(OK)　扩展菜单▲

图 6-76　状态序列设置

b. 第一个状态设置为"手动切换"，状态1数据设置见图6-77。

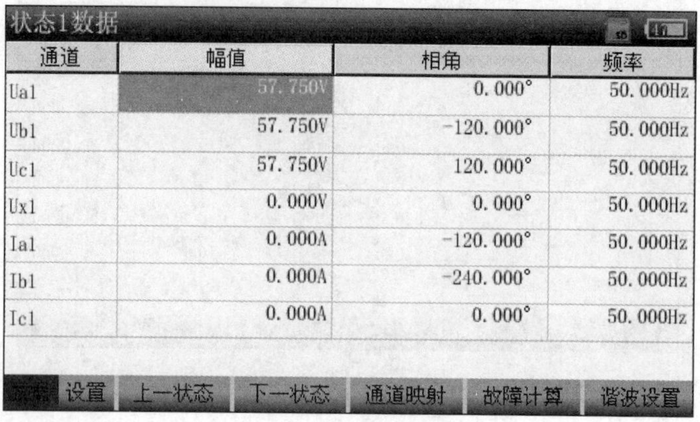

通道	幅值	相角	频率
Ua1	57.750V	0.000°	50.000Hz
Ub1	57.750V	-120.000°	50.000Hz
Uc1	57.750V	120.000°	50.000Hz
Ux1	0.000V	0.000°	50.000Hz
Ia1	0.000A	-120.000°	50.000Hz
Ib1	0.000A	-240.000°	50.000Hz
Ic1	0.000A	0.000°	50.000Hz

设置　上一状态　下一状态　通道映射　故障计算　谐波设置

图6-77　状态1数据设置

c. 第二个状态设置为"限时切换"，状态时间设置为"50ms"，状态数据中的A相电压 $\dot{U}_{a1}$ 依次设置 $4.300\angle0.000°V$，I_{a1} 为 $1\angle-80°A$，见图6-78。

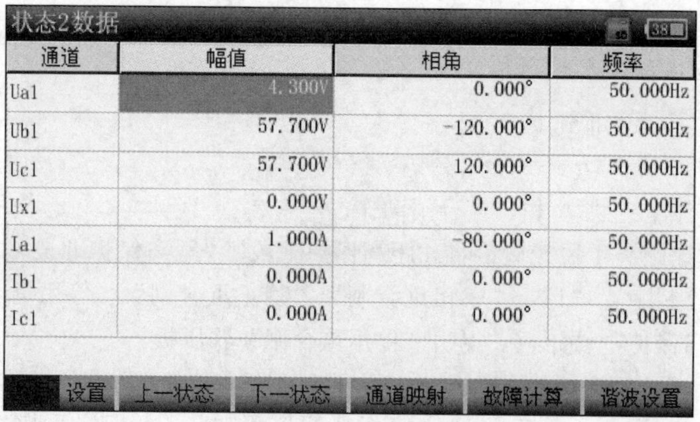

通道	幅值	相角	频率
Ua1	4.300V	0.000°	50.000Hz
Ub1	57.700V	-120.000°	50.000Hz
Uc1	57.700V	120.000°	50.000Hz
Ux1	0.000V	0.000°	50.000Hz
Ia1	1.000A	-80.000°	50.000Hz
Ib1	0.000A	0.000°	50.000Hz
Ic1	0.000A	0.000°	50.000Hz

设置　上一状态　下一状态　通道映射　故障计算　谐波设置

图6-78　状态2数据设置

d. 第三个状态设置为"限时切换"，状态时间设置为"1100ms"，状态3数据设置见图6-79。

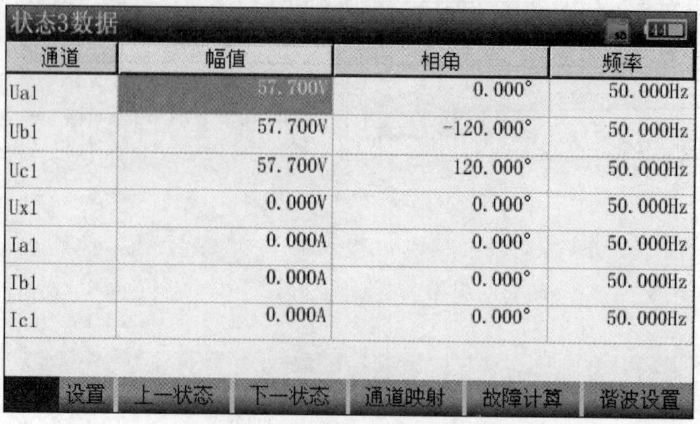

通道	幅值	相角	频率
Ua1	57.700V	0.000°	50.000Hz
Ub1	57.700V	-120.000°	50.000Hz
Uc1	57.700V	120.000°	50.000Hz
Ux1	0.000V	0.000°	50.000Hz
Ia1	0.000A	0.000°	50.000Hz
Ib1	0.000A	0.000°	50.000Hz
Ic1	0.000A	0.000°	50.000Hz

设置　上一状态　下一状态　通道映射　故障计算　谐波设置

图6-79　状态3数据设置

e. 第 4 个状态设置为"限时切换"，状态时间设置为"100ms"，状态数据与第 2 个状态一致。

f. 点击"开始实验"，观察继电保护装置的动作情况，查看校验装置的实验结果，记录相关开出量的动作时间。

3）测试结果。继电保护装置动作时，装置的报文显示：

0000ms　保护启动

21ms　接地距离 I 段保护动作

21ms　保护 A 跳出口

1032ms　重合闸出口

1051ms　距离重合闸加速出口

装置指示灯显示：跳 A 相、跳 B 相、跳 C 相、重合闸动作。

6.4　NSR－303 线路保护装置

6.4.1　配置手持式继电保护测试仪

具体配置方法同"6.3.1 配置手持式继电保护测试仪"，在此不再赘述。

6.4.2　交流测量校验

1. 电流测量校验

测试验证电流测量的精度在容许的误差范围内。

使用测试仪检查幅值。具体读数可以通过菜单"保护采样"查看，或通过便携式计算机与前部通信端口连接，借助辅助软件查看。继电保护装置的测量精度是±2.5%。然而，由于测试仪器的精度所产生的额外误差以及试验过程中的人为偶然误差必须被考虑，因此综合误差如不大于±5%即可认为精度达标。

相关的测试方法见"模拟量通道检查"小节。

2. 电压测量校验

测试验证电压测量的精度在容许的误差范围内。

使用测试仪检查幅值。具体读数可以通过菜单"保护采样"查看，或通过便携式计算机与前部通信端口连接，借助辅助软件查看。继电保护装置的测量精度是±2.5%。然而，由于测试仪器的精度所产生的额外误差以及试验过程中的人为偶然误差必须被考虑，因此综合误差如不大于±5%即可认为精度达标。

相关的测试方法见"模拟量通道检查"小节。

6.4.3　保护原理简介

1. 差动保护

NSR－303 的纵联差动保护包含工频变化量电流差动元件、相电流差动元件、零序电流差动元件三种元件。这三种元件都可以实现分相差动逻辑。

（1）工频变化量电流差动元件。动作方程为

$$\left.\begin{array}{l} \Delta I_{d\Phi} > 0.75\Delta I_{r\Phi} \\ \Delta I_{d\Phi} > I_{dset}^{H} \end{array}\right\} \tag{6-29}$$

式中　　Φ ——代表 A 相、B 相或 C 相；

　　　　$\Delta I_{d\Phi}$ ——工频变化量差动电流，$\Delta I_{d\Phi} = \lvert \Delta I_{M\Phi} + \Delta I_{N\Phi} \rvert$；

　　　　$\Delta I_{r\Phi}$ ——工频变化量制动电流，$\Delta I_{r\Phi} = \lvert \Delta I_{M\Phi} \rvert + \lvert \Delta I_{N\Phi} \rvert$；

　　　　I_{dset}^{H} ——差动动作电流定值的 1.5 倍、$4I_{cap}$、$1.5U_N / X_{C1}$ 三者中的最大值；

　　　　I_{cap} ——实测电容电流（实测电容电流由正常运行时未经补偿的差流获得）；

　　　　X_{C1} ——整定值"线路正序容抗定值"；

　　　　U_N——相额定电压。

（2）相电流差动元件。稳态 I 段的动作方程为

$$\left.\begin{array}{l} I_{d\Phi} > 0.6\Delta I_{r\Phi} \\ I_{d\Phi} > I_{dset}^{H} \end{array}\right\} \tag{6-30}$$

式中　　Φ ——代表 A 相、B 相或 C 相；

　　　　$I_{d\Phi}$ ——相差动电流，$I_{d\Phi} = \lvert I_{M\Phi} + I_{N\Phi} \rvert$；

　　　　$I_{r\Phi}$ ——相制动电流，$I_{r\Phi} = \lvert I_{M\Phi} - \Delta I_{N\Phi} \rvert$。

稳态 II 段的动作方程为

$$\left.\begin{array}{l} I_{d\Phi} > 0.6\Delta I_{r\Phi} \\ I_{d\Phi} > I_{dset}^{H} \end{array}\right\} \tag{6-31}$$

式中　　Φ ——代表 A 相、B 相或 C 相；

　　　　I_{dset}^{H} ——差动动作电流定值、$1.5I_{cap}$、$1.25U_N / X_{C1}$ 三者中的最大值；

　　　　I_{cap} ——实测电容电流。

当满足动作方程时，稳态 II 段相电流差动元件经 25ms 延时动作。

（3）零序电流差动元件。对于经高阻接地故障，采用零序电流差动元件具有较高的灵敏度。零序电流差动元件动作方程为

$$\left.\begin{array}{l} I_{d0} > 0.75I_{r0} \\ I_{d0} > I_{dset}^{L} \\ I_{d\Phi} > 0.15I_{r\Phi} \\ I_{d\Phi} > I_{dset}^{L} \end{array}\right\} \tag{6-32}$$

式中　　I_{d0} ——零序差动电流，$I_{d0} = \lvert I_{M0} + I_{N0} \rvert$；

　　　　I_{r0} ——零序制动电流，$I_{r0} = \lvert I_{M0} - I_{N0} \rvert$；

　　　　I_{dset}^{L} ——差动动作电流定值和 $1.25I_{cap}$ 中的大者。

零序电流差动元件通过低比率制动系数的稳态相电流差动元件选相，当满足动作方程后，零序电流差动元件经 40ms 延时动作。

2. 零序过流保护

NSR-303 继电保护装置设置了两个带延时段的定时限零序过流保护。装置零序电流整定应保证零序过流 II 段保护定值大于零序启动电流定值。

（1）定时限零序过流保护。零序过流Ⅱ段保护固定受零序正方向元件控制，零序过流Ⅲ段保护可经控制字"零序过流Ⅲ段经方向"选择是否受零序正方向元件控制。TV断线后，零序过流Ⅱ段保护退出，零序过流Ⅲ段保护不经方向元件控制。

当"Ⅱ段保护闭锁重合闸"置"1"时，零序过流Ⅱ段保护三相跳闸并闭锁重合闸，否则选相跳闸。零序过流Ⅲ段保护动作固定三相跳闸并闭锁重合闸。

（2）重合与手合后加速功能。非全相运行时，零序过流Ⅲ段保护不经方向元件控制，自动将零序过流Ⅲ段保护的动作时间缩短500ms；如果缩短后的零序过流Ⅲ段保护动作时间小于200ms，固定取200ms。

单相重合时零序加速时间延时为60ms，手合和三相重合闸时加速时间延时为100ms，其过流定值用零序过流加速段保护定值，TV断线后，零序加速不经方向控制。

3. 距离保护

继电保护装置提供三段式相间距离保护和接地距离保护，距离各段保护范围和动作延时独立整定，以满足电力系统对保护快速性和选择性的要求。

NSR-303线路保护的距离元件采用比相式欧姆继电器，即由工作电压 U_{op} 与极化电压 U_p 构成比相方程。

比相式距离继电器的通用动作方程为

$$-90° < \text{Arg} \frac{U_{OP}}{U_P} < -90°$$

其中
$$U_{OP} = U - IZ_{set} \tag{6-33}$$
$$U_P = -U_1$$

式中　　U_{OP}——工作电压；

U_P——极化电压；

U——继电器测量电压；

I——测量电流；

Z_{set}——整定阻抗。

对接地距离继电器，工作电压为

$$U_{OP\Phi} = U_\Phi - (I_\Phi + K \times 3I_0)Z_{set} \tag{6-34}$$

对于相间距离继电器，工作电压为

$$U_{OP\Phi\Phi} = U_{\Phi\Phi} - I_{\Phi\Phi}Z_{set} \tag{6-35}$$

式（6-33）中，U 可以看作制动量，IZ_{set} 看作动作量，当动作量超过制动量，将会把 U_{op} 的方向扭转为与 U 反向。

判断工作电压的相位，需要一个基准量，即极化电压。极化电压作为比相的基准相量，要求在各种故障前后相位始终不变，幅值不要降到零而使继电器失去动作可靠性，并要能构成优良的动作特性。距离继电器用正序电压极化，可满足上述要求。

4. 负荷限制元件

当用于长距离重负荷线路，常规距离保护整定困难时，可引入负荷限制元件。负荷限制元件和距离元件的交集为动作区，有效地防止了重负荷时测量阻抗进入距离元件而引起的误动，见图6-80。

采用相间和接地负荷限制元件可以避免距离保护受负荷阻抗的影响。负荷限制元件的斜率等于正序灵敏角 φ，R_{set} 是定值 "负荷限制电阻定值"，由用户整定。负荷限制元件可以通过整定控制字 "投负荷限制距离" 选择投入或退出。

"负荷限制电阻定值" 的整定需要躲开系统在最大负荷电流、最小功率因数情况下的负荷阻抗折算到线路正序灵敏角的 R_Φ 值。图 6-81 中，Z_{load} 为上述情况下的负荷阻抗，φ 为灵敏角，θ 为负荷阻抗角，负荷限制继电器定值的整定需要躲开图中的 R_Φ 值，并考虑一定的灵敏度。

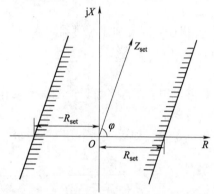

图 6-80 负荷限制元件的动作特性

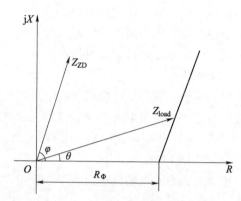

图 6-81 负荷限制元件的动作特性

设系统的电压等级为 U（kV），允许最小功率因素为 $\cos\theta$，允许的最大负荷为 S（MVA），则系统在此最恶劣运行情况下的负荷阻抗为 $Z_{load}=U^2/S$，将 Z_{load} 归算到正序灵敏角的 R 值为

$$R = Z_{load}\cos\theta - Z_{load}\sin\theta\cot\varphi = \frac{U^2}{S}\cos\theta - \frac{U^2}{S}\sin\theta\cot\varphi \tag{6-36}$$

式中　φ——灵敏角。

6.4.4　实验调试方法

1. 工频变化量距离保护定值校验

整定控制字 "工频变化量阻抗" 为 "1"，"重合闸检无压方式" "重合闸检同期方式" 整定为 "0"，并按接地故障类型依次整定 "单相重合闸" 或 "三相重合闸" 为 "1"。

（1）故障量计算（以 A 相发生单相接地故障为例）。分别模拟 A 相、B 相、C 相单相接地瞬时故障和 AB、BC、CA 相间瞬时故障。模拟故障电流固定（其数值应使模拟故障电压在 $0\sim U_N$ 范围内），模拟故障前电压为额定电压，模拟故障时间为 $100\sim150\text{ms}$。

单相故障电压为

$$U = (1+K)IZ_{set} + (1-1.05m)U_N \tag{6-37}$$

相间故障电压为

$$U = 2IZ_{set} + (1-1.05m) \times \sqrt{3}U_N \tag{6-38}$$

式中　Z_{set}——工频变化量距离保护定值；

　　　　K——零序补偿系数，$K=(Z_0-Z_1)/3Z_1$。

当 $m=0.9$ 时，保护应可靠不动作；当 $m=1.1$ 时，保护应可靠动作；当 $m=1.2$ 时，测量工频变化量距离保护动作时间。

取 $Z_{set}=0.5$ 时，$I=25I_N=25A$，单相故障电压为 $U=18.75+(1-1.05m)\times 57.7(V)$。

当 $m=0.9$ 时，保护应可靠不动作，单相故障电压为 $U=21.9V$。

当 $m=1.1$ 时，保护应可靠动作，单相故障电压为 $U=9.8V$。

当 $m=1.2$ 时，测量保护的动作时间，单相故障电压为 $U=3.7V$。

(2) 继保测试仪配置。关于测试仪的部分配置见"6.3.1 配置手持式继电保护测试仪"，配置完成后，具体操作方式如下（以 A 相发生单相接地短路故障为例）：

a. 返回主机面，选择"状态序列"，点击"Enter"，见图 6-82。

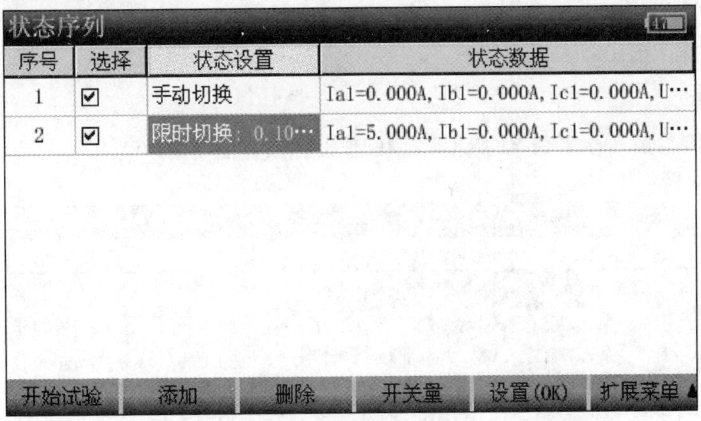

序号	选择	状态设置	状态数据
1	☑	手动切换	Ia1=0.000A, Ib1=0.000A, Ic1=0.000A, U…
2	☑	限时切换：0.10…	Ia1=5.000A, Ib1=0.000A, Ic1=0.000A, U…

开始试验 添加 删除 开关量 设置(OK) 扩展菜单▲

图 6-82 状态序列设置

b. 第一个状态设置为"手动切换"，状态 1 数据设置见图 6-83。

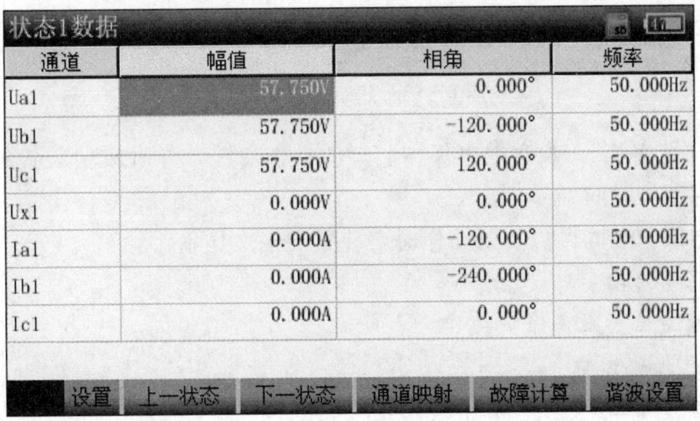

通道	幅值	相角	频率
Ua1	57.750V	0.000°	50.000Hz
Ub1	57.750V	-120.000°	50.000Hz
Uc1	57.750V	120.000°	50.000Hz
Ux1	0.000V	0.000°	50.000Hz
Ia1	0.000A	-120.000°	50.000Hz
Ib1	0.000A	-240.000°	50.000Hz
Ic1	0.000A	0.000°	50.000Hz

设置 上一状态 下一状态 通道映射 故障计算 谐波设置

图 6-83 状态 1 数据设置

c. 第二个状态设置为"限时切换"，状态时间设置为"100ms"，状态数据中的 A 相电压 $\dot{U}_{a1}$ 依次设置 $21.900\angle 0.000°V$、$9.800\angle 0.000°V$ 和 $3.700\angle -0.000°V$，$\dot{I}_{a1}$ 保持

25.000∠-80.000°A 不变，见图 6-84。

图 6-84 状态 2 数据设置

d. 第三个状态设置为"手动切换"，状态 3 数据设置见图 6-85。

图 6-85 状态 3 数据设置

e. 点击"开始实验"，观察继电保护装置的动作情况，查看校验装置的实验结果，记录相关开出量的动作时间。

（3）测试结果。继电保护装置动作时，装置的报文显示：

0000ms 保护启动

24ms 工频变化量距离保护动作

24ms 保护 A 跳出口

1032ms 重合闸出口

装置指示灯显示：跳 A 相、重合闸动作。

2. 纵联差动保护定值校验

投主保护压板，软压板"通道一差动保护软压板"为"1"，控制字"纵联差动保护"为"1"。控制字"通信内时钟"为"1"，"电流补偿"为"0"，"重合闸检无压方式""重合闸检同期方式"为"0","单相重合闸"为"1"。"本侧识别码"和"对侧识别码"整定相同。

将光纤插件的接收"RX"和发送"TX"用尾纤短接，构成自发自收方式，通道异常灯不亮，液晶显示"通道自环设置告警"（如需消除该告警可将检修压板投上）。

（1）故障量计算。

1）稳态差动保护Ⅰ段校验：模拟对称或不对称故障，加入故障电流为 $I_{cd} = m \times 0.5 \times I_{max1}$，其中 I_{max1} 为 1.5 倍"差动电流定值"和 4 倍实测电容电流的大值。

取 $I_{max1} = 1.2A$，故障电流为 $I_{cd} = 0.6m$（A）。

$m = 0.95$ 时，差动保护Ⅰ段应不动作，$I_{cd} = 0.57A$。

$m = 1.05$ 时，差动保护Ⅰ段能动作，$I_{cd} = 0.63A$。

$m = 1.2$ 时，测试差动Ⅰ段保护的动作时间，$I_{cd} = 0.72A$。

稳态差动Ⅱ段保护校验：模拟对称或不对称故障，加入故障电流为 $I_{cd} = m \times 0.5 \times I_{max2}$，其中 I_{max2} 为 1.5 倍"差动电流定值"和实测电容电流的大值。

取 $I_{max2} = 0.6A$，故障电流为 $I_{cd} = 0.3m$（A）。

$m = 0.95$ 时，差动Ⅱ段保护应不动作，$I_{cd} = 0.285A$。

$m = 1.05$ 时，差动Ⅱ段保护能动作，$I_{cd} = 0.315A$。

$m = 1.2$ 时，测试差动Ⅱ段保护的动作时间，$I_{cd} = 0.36A$。

2）零序差动校验：差动电流定值整定为 0.4A，故障前三相加大小为 $0.84 \times 0.5 \times 0.4 = 0.168$（A）的电流，装置充电，显示的三相差流均为 $2 \times 0.84 \times 0.5 \times 0.4 = 0.336$（A），等待保护充电，直至充电灯亮。模拟单相故障，故障相电流增大为 $1.1 \times 0.5 \times 0.4 = 0.22$（A），非故障相电流为 0。持续 150ms。差动保护动作，动作相为故障相，故障时间 60ms 左右。

（2）继保测试仪配置。关于测试仪的部分配置见"6.3.1 配置手持式继电保护测试仪"，配置完成后，具体操作方式如下（以 B 相发生单相接地短路故障、零序差动保护为例）：

a. 返回主机面，选择"状态序列"，点击"Enter"，见图 6-86。

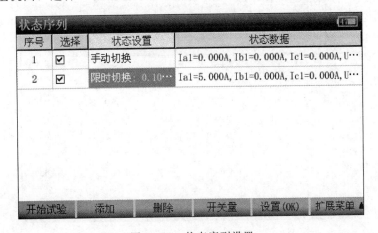

图 6-86 状态序列设置

b. 第一个状态设置为"手动切换",状态 1 数据设置见图 6-87。

状态1数据			35
通道	幅值	相角	频率
Ua1	57.750V	0.000°	50.000Hz
Ub1	57.750V	-120.000°	50.000Hz
Uc1	57.750V	120.000°	50.000Hz
Ux1	0.000V	0.000°	50.000Hz
Ia1	0.168A	-120.000°	50.000Hz
Ib1	0.168A	-240.000°	50.000Hz
Ic1	0.168A	0.000°	50.000Hz
设置	上一状态	下一状态	通道映射	故障计算	谐波设置

图 6-87 状态 1 数据设置

c. 第二个状态设置为"限时切换",状态时间设置为"150ms",状态 2 数据见图 6-88。

状态2数据			35
通道	幅值	相角	频率
Ua1	0.000V	0.000°	50.000Hz
Ub1	0.000V	-120.000°	50.000Hz
Uc1	0.000V	120.000°	50.000Hz
Ux1	0.000V	0.000°	50.000Hz
Ia1	0.000A	0.000°	50.000Hz
Ib1	0.220A	0.000°	50.000Hz
Ic1	0.000A	0.000°	50.000Hz
设置	上一状态	下一状态	通道映射	故障计算	谐波设置

图 6-88 状态 2 数据设置

d. 第三个状态设置为"手动切换",状态 3 数据设置见图 6-89。

状态3数据			44
通道	幅值	相角	频率
Ua1	57.700V	0.000°	50.000Hz
Ub1	57.700V	-120.000°	50.000Hz
Uc1	57.700V	120.000°	50.000Hz
Ux1	0.000V	0.000°	50.000Hz
Ia1	0.000A	0.000°	50.000Hz
Ib1	0.000A	0.000°	50.000Hz
Ic1	0.000A	0.000°	50.000Hz
设置	上一状态	下一状态	通道映射	故障计算	谐波设置

图 6-89 状态 3 数据设置

e. 点击"开始实验",观察继电保护装置的动作情况,查看校验装置的实验结果,记录相关开出量的动作时间。

(3) 测试结果。继电保护装置动作时,装置的报文显示:

0000ms　保护启动

42ms　零序差动保护动作

42ms　保护B跳出口

1050ms　重合闸出口。

装置指示灯显示:跳B相、重合闸动作。

3. 单相距离保护定值校验(以接地距离Ⅰ段为例)

整定控制字"距离保护Ⅰ段"整定为"1","重合闸检无压方式""重合闸检同期方式"整定为"0","单相重合闸"整定为"1"。

等待保护充电,直至充电灯亮。

(1) 故障量计算。加故障电流 $I=I_{N}$,故障电压为

$$U = m \times (1+K) \times I \times Z_{zd\Phi}$$

式中　$Z_{zd\Phi}$——接地距离保护阻抗定值;

　　　K——零序补偿系数。

取 $K=0.5$,$Z_{zd\Phi}=2\Omega$,$I=1A$,故障电压 $U=3m$(V)。

当 $m=0.95$ 时距离保护Ⅰ段可靠动作,故障电压 $U=2.85V$。

当 $m=1.05$ 时距离保护Ⅰ段可靠不动作,故障电压 $U=3.15V$。

当 $m=0.7$ 时测试距离保护Ⅰ段的动作时间,故障电压 $U=2.1V$。

(2) 继保测试仪配置。关于测试仪的部分配置见"6.3.1 配置手持式继电保护测试仪",配置完成后,具体操作方式如下(以A相发生单相接地短路故障、接地距离Ⅰ段保护为例):

a. 返回主机面,选择"状态序列",点击"Enter",见图6-90。

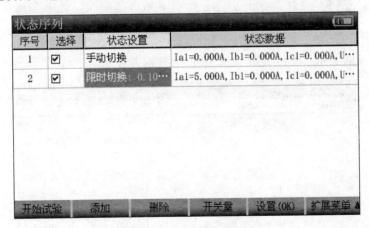

图 6-90 状态序列设置

b. 第一个状态设置为"手动切换",状态1数据设置见图6-91。

状态1数据			
通道	幅值	相角	频率
Ua1	57.750V	0.000°	50.000Hz
Ub1	57.750V	−120.000°	50.000Hz
Uc1	57.750V	120.000°	50.000Hz
Ux1	0.000V	0.000°	50.000Hz
Ia1	0.000A	−120.000°	50.000Hz
Ib1	0.000A	−240.000°	50.000Hz
Ic1	0.000A	0.000°	50.000Hz

设置　上一状态　下一状态　通道映射　故障计算　谐波设置

图 6-91　状态 1 数据设置

c. 第二个状态设置为"限时切换",状态时间设置为"100ms",状态数据中的 A 相电压 $\dot{U}_{a1}$ 依次设置 2.850∠0.000°V、3.150∠0.000°V 和 2.100∠0.000°V, $\dot{I}_{a1}$ 保持 1.000∠−80.000°A 不变,见图 6-92。

状态2数据			
通道	幅值	相角	频率
Ua1	2.850V	0.000°	50.000Hz
Ub1	0.000V	−120.000°	50.000Hz
Uc1	0.000V	120.000°	50.000Hz
Ux1	0.000V	0.000°	50.000Hz
Ia1	1.000A	−80.000°	50.000Hz
Ib1	0.000A	0.000°	50.000Hz
Ic1	0.000A	0.000°	50.000Hz

数据　设置　上一状态　下一状态　通道映射　故障计算　谐波设置

图 6-92　状态 2 数据设置

d. 第三个状态设置为"手动切换",状态 3 数据设置见图 6-93。

状态3数据			
通道	幅值	相角	频率
Ua1	57.700V	0.000°	50.000Hz
Ub1	57.700V	−120.000°	50.000Hz
Uc1	57.700V	120.000°	50.000Hz
Ux1	0.000V	0.000°	50.000Hz
Ia1	0.000A	0.000°	50.000Hz
Ib1	0.000A	0.000°	50.000Hz
Ic1	0.000A	0.000°	50.000Hz

设置　上一状态　下一状态　通道映射　故障计算　谐波设置

图 6-93　状态 3 数据设置

e. 点击"开始实验",观察继电保护装置的动作情况,查看校验装置的实验结果,记录相关开出量的动作时间。

(3) 测试结果。继电保护装置动作时,装置的报文显示:

0000ms 保护启动

31ms 距离Ⅰ段保护动作

31ms 保护A跳出口

1050ms 重合闸出口

装置指示灯显示:跳A相、重合闸动作。

4. 相间距离保护定值校验(以相间距离Ⅲ段保护定值为例)

整定控制字"距离保护Ⅲ段"整定为"1","重合闸检无压方式""重合闸检同期方式"整定为"0","单相重合闸"整定为"1"。

等待保护充电,直至充电灯亮。

(1) 故障量计算。加故障电流 $I=I_N$,相间故障电压为

$$U = 2m \times I \times Z_{zd\Phi\Phi}$$

式中 $Z_{zd\Phi\Phi}$ ——相间距离保护阻抗定值。

取 $Z_{zd\Phi\Phi}=12\Omega$,$I=1A$,故障电压 $U=24m$(V)。

当 $m=0.95$ 时距离保护Ⅲ段可靠动作,相间故障电压 $U=22.8V$,此时的电压电流为

$U_A=57.7\angle 0°V$ $\qquad I_A=0A$

$U_B=31.0\angle -158.4°V$ $\qquad I_B=1\angle -170°A$

$U_C=31.0\angle 158.4°V$ $\qquad I_C=1\angle 10°A$

当 $m=1.05$ 时距离保护Ⅲ段可靠不动作,相间故障电压 $U=25.2V$,此时的电压电流为

$\dot{U}_A=57.7\angle 0°V$ $\qquad \dot{I}_A=0A$

$\dot{U}_B=31.5\angle -156.4°V$ $\qquad \dot{I}_B=1\angle -170°A$

$\dot{U}_C=31.5\angle 156.4°V$ $\qquad \dot{I}_C=1\angle 10°A$

当 $m=0.7$ 时测试距离保护Ⅲ段的动作时间,相间故障电压 $U=16.8V$,此时的电压电流为

$\dot{U}_A=57.7\angle 0°V$ $\qquad \dot{I}_A=0A$

$\dot{U}_B=30.0\angle -163.8°V$ $\qquad \dot{I}_B=1\angle -170°A$

$\dot{U}_C=30.0\angle 163.8°V$ $\qquad \dot{I}_C=1\angle 10°A$

(2) 继保测试仪配置。关于测试仪的部分配置见"6.3.1 配置手持式继电保护测试仪",配置完成后,具体操作方式如下(以 B、C 相发生短路故障、相间距离Ⅲ段保护为例):

a. 返回主机面,选择"状态序列",点击"Enter",见图 6-94。

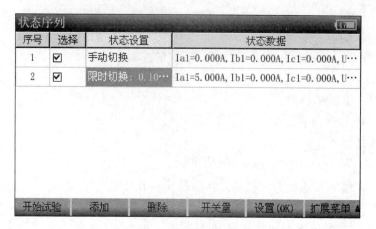

图 6 - 94　状态序列设置

b. 第一个状态设置为"手动切换",状态 1 数据设置见图 6 - 95。

通道	幅值	相角	频率
Ua1	57.750V	0.000°	50.000Hz
Ub1	57.750V	−120.000°	50.000Hz
Uc1	57.750V	120.000°	50.000Hz
Ux1	0.000V	0.000°	50.000Hz
Ia1	0.000A	−120.000°	50.000Hz
Ib1	0.000A	−240.000°	50.000Hz
Ic1	0.000A	0.000°	50.000Hz

图 6 - 95　状态 1 数据设置

c. 第二个状态设置为"限时切换",状态时间设置为"2900ms",状态数据设置依据前文的"故障量计算"的计算结果,见图 6 - 96。

通道	幅值	相角	频率
Ua1	57.700V	0.000°	50.000Hz
Ub1	31.000V	−158.400°	50.000Hz
Uc1	31.000V	158.400°	50.000Hz
Ux1	0.000V	0.000°	50.000Hz
Ia1	0.000A	0.000°	50.000Hz
Ib1	1.000A	−170.000°	50.000Hz
Ic1	1.000A	10.000°	50.000Hz

图 6 - 96　状态 2 数据设置

d. 第三个状态设置为"手动切换"，状态 3 数据设置见图 6-97。

通道	幅值	相角	频率
Ua1	57.700V	0.000°	50.000Hz
Ub1	57.700V	-120.000°	50.000Hz
Uc1	57.700V	120.000°	50.000Hz
Ux1	0.000V	0.000°	50.000Hz
Ia1	0.000A	0.000°	50.000Hz
Ib1	0.000A	0.000°	50.000Hz
Ic1	0.000A	0.000°	50.000Hz

数据　设置　上一状态　下一状态　通道映射　故障计算　谐波设置

图 6-97　状态 3 数据设置

e. 点击"开始实验"，观察继电保护装置的动作情况，查看校验装置的实验结果，记录相关开出量的动作时间。

（3）测试结果（整定时间为 $t_{ZDⅢ}=2.8s$）。继电保护装置动作时，装置的报文显示：

0000ms　保护启动

2831ms　相间距离Ⅰ段保护动作

2831ms　保护三相跳闸出口

装置的指示灯显示：跳 A 相、跳 B 相、跳 C 相。

5. 零序方向过流保护定值校验（以零序过流Ⅱ段保护定值为例）

整定控制字"零序电流保护"整定为"1"，"重合闸检无压方式""重合闸检同期方式"整定为"0"，"单相重合闸"整定为"1"。

等待保护充电，直至充电灯亮。

（1）故障量计算。加故障电压 $U=30V$，故障电流 $3I_0=mI_{02ZD}$，取 $I_{02ZD}=6A$。

当 $m=0.95$ 时，保护可靠不动作，故障电流 $3I_0=5.7A$。

当 $m=1.05$ 时，保护可靠动作，故障电流 $3I_0=6.3A$。

当 $m=1.2$ 时，测继电保护装置动作时间，故障电流 $3I_0=7.2A$。

（2）继保测试仪配置。关于测试仪的部分配置见"6.3.1 配置手持式继电保护测试仪"，配置完成后，具体操作方式如下（以 B 相发生单相接地短路故障为例）：

a. 返回主机面，选择"状态序列"，点击"Enter"，见图 6-98。

b. 第一个状态设置为"手动切换"，状态 1 数据设置见图 6-99。

c. 第二个状态设置为"限时切换"，状态时间设置为"1100ms"，状态数据设置依据前文的"故障量计算"的计算结果，见图 6-100。

d. 第三个状态设置为"手动切换"，状态 3 数据设置见图 6-101。

e. 点击"开始实验"，观察继电保护装置的动作情况，查看校验装置的实验结果，记录相关开出量的动作时间。

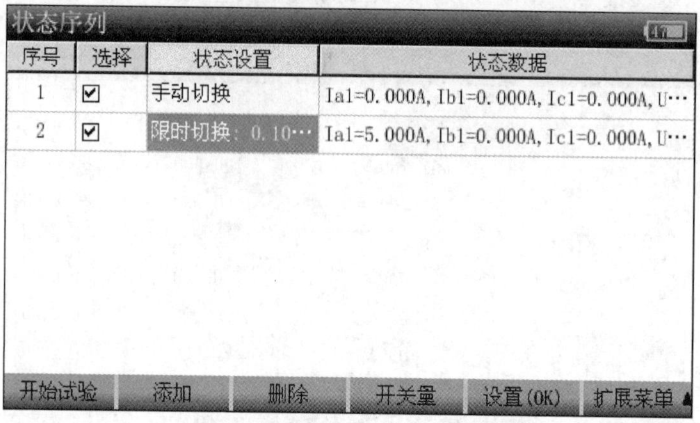

图 6-98　状态序列设置

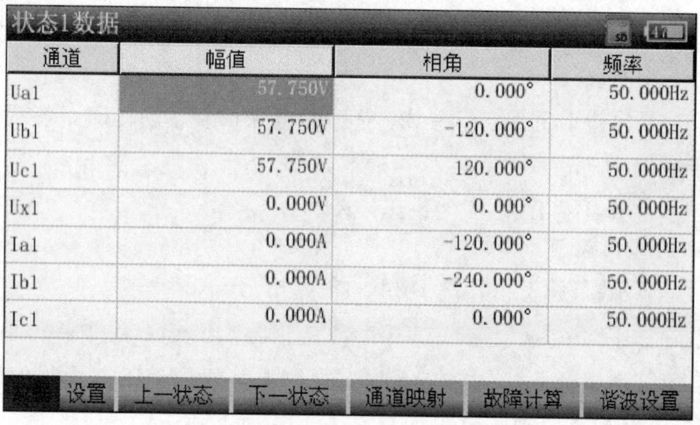

图 6-99　状态 1 数据设置

图 6-100　状态 2 数据设置

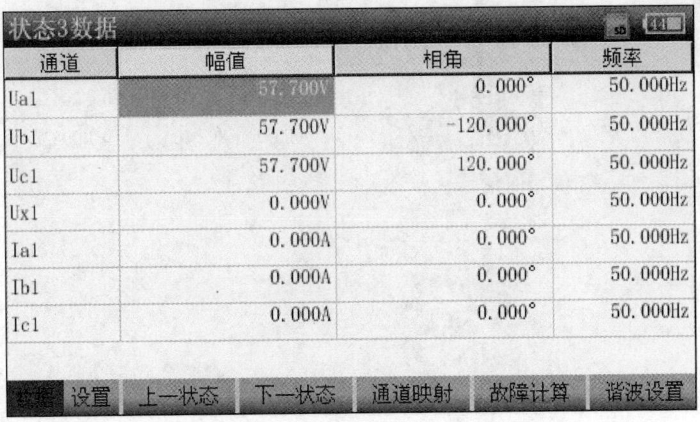
状态3数据

通道	幅值	相角	频率
Ua1	57.700V	0.000°	50.000Hz
Ub1	57.700V	-120.000°	50.000Hz
Uc1	57.700V	120.000°	50.000Hz
Ux1	0.000V	0.000°	50.000Hz
Ia1	0.000A	0.000°	50.000Hz
Ib1	0.000A	0.000°	50.000Hz
Ic1	0.000A	0.000°	50.000Hz

数据 设置 上一状态 下一状态 通道映射 故障计算 谐波设置

图 6-101 状态 3 数据设置

(3) 测试结果（整定时间为 $t_{ZDIII}=1s$）。继电保护装置动作时，装置的报文显示：

0000ms 保护启动

1031ms 零序过流Ⅱ段保护动作

1031ms 保护 B 跳出口

2043ms 重合闸出口

装置的指示灯显示：跳 B 相、重合闸出口。

6. 过负荷保护定值校验

投控制字“过负荷跳闸”“过负荷告警”。

(1) 故障量计算。

1) 过负荷跳闸定值校验：加故障电流 $I=m\times I_{gtzd}$，其中 I_{gtzd} 为过负荷跳闸电流定值。取 $I_{gtzd}=7A$。

当 $m=0.95$ 时，保护可靠不动作，$I=6.65A$。

当 $m=1.05$ 时，保护可靠动作，$I=7.35A$。

当 $m=1.2$ 时，测量继电保护装置动作时间，$I=8.4A$。

2) 过负荷告警定值校验：加故障电流 $I=m\times I_{gczd}$，其中 I_{gczd} 为过负荷告警电流定值。取 $I_{gczd}=5A$。

当 $m=0.95$ 时，保护不发告警信号，$I=4.75A$。

当 $m=1.05$ 时，保护发告警信号，$I=5.25A$。

(2) 继保测试仪配置。关于测试仪的部分配置见“6.3.1 配置手持式继电保护测试仪”，配置完成后，具体操作方式如下（以 A 相发生过负荷故障为例）：

a. 返回主机面，选择“状态序列”，点击“Enter”，见图 6-102。

b. 第一个状态设置为“手动切换”，状态 1 数据设置见图 6-103。

c. 第二个状态设置为“限时切换”，状态时间设置为“5100ms”，状态数据设置依据前文的“故障量计算”的计算结果，见图 6-104。

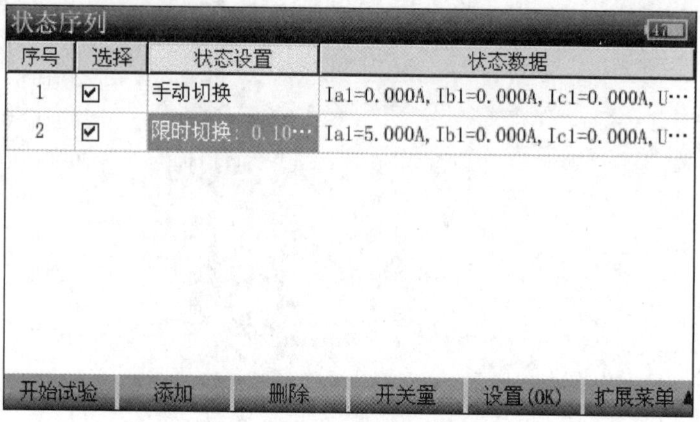

图 6-102 状态序列设置

图 6-103 状态 1 数据设置

图 6-104 状态 2 数据设置

d. 点击"开始实验",观察继电保护装置的动作情况,查看校验装置的实验结果,记录相关开出量的动作时间。

(3) 测试结果 ($t_{ZD}=5s$)。过负荷跳闸动作时,装置面板上跳闸灯亮,液晶上显示"过负荷跳闸动作";过负荷告警动作时,液晶上显示"过负荷告警",过负荷告警信号动作。